來吃司康吧！

MASAYUKI MURAYOSHI'S

SCONE BOOK

過篩的麵粉

冷卻切丁的奶油

醒過的麵團

用烤模塑形

接下來只要放進烤箱即可

CONTENTS

〔在烘烤司康之前〕

・使用烤箱前要徹底的預熱。
・本書介紹的溫度與時間是根據家庭式烤箱而定，實際請根據烤箱的機種及性能而異。可參照本書烤好的司康照片調整溫度，以便用書中所寫的時間烤好。

〔如果司康沒吃完〕

・裝進可密封的夾鍊袋，放進冰箱冷凍庫可以保存 2 週左右。
・不要放進冷藏庫，因為司康會吸收冰箱裡的味道。
・要吃的時候再用小烤箱稍微烤一下即可。

序

我烤了司康！
要不要來杯茶？

高中時代去英國留學時，
寄宿家庭的媽媽烤了司康，那是我與司康的初次接觸。

麵粉與奶油的香甜氣味令人食指大動！
蓬鬆且柔軟的金黃色司康表面還帶點裂痕。
既像麵包，又像蛋糕。
熱騰騰的司康裝在大盤子裡，
搭配果醬、奶油和滿滿 1 壺的紅茶，桌子都快擺不下了。

來，請享用。

這是我有生以來第一次吃到剛出爐的熱呼呼甜點，
實在太好吃了，回過神時，我已經吃了好幾個。

誕生於英國蘇格蘭的司康，
是用蛋、牛奶、攪拌均勻的麵粉及奶油做成麵團，
味道樸實無華，既不過甜，也不過鹹，
是 1 種能吃到食材原味的烘焙點心。
可是塗上果醬享用時的美味程度，
至今我仍能清楚的回想起來，已經深深的烙印在記憶裡。

後來我去烘焙坊拜師學藝時，
很少遇到熱愛司康的人，
反而是不喜歡的人比較多。
司康的口感有點粉粉的，稱不上硬，也說不上軟，
而且彷彿要吸乾口中所有的水分。
雖然我認為這正是司康最迷人的地方，
但也知道很難讓人了解它的美味及吃法。

所幸這是個資訊爆炸的時代，
上網可以找到許多和我一樣熱愛司康的同好，
不過人數還不夠多，
希望能有更多人領略到司康的魅力。

那麼，各位讀者，
我烤了司康！
要不要來杯茶？

村吉雅之

經典司康

CLASSIC SCONES

PLAIN

原味

RECIPE ... p.41

HOMEMADE CLOTTED CREAM

手工凝脂奶油風抹醬

RECIPE ... p.89

STRAWBERRY & RASPBERRY JAM

草莓覆盆子果醬

RECIPE ... p.84

鬆軟司康

CRUMBLY & FLUFFY SCONES

PLAIN

原味

RECIPE ... p.54

CURRANTS
葡萄乾
RECIPE ... p.55

EARL GREY

伯爵茶

RECIPE ... p.56

CHAMOMILE & MINT
洋甘菊和薄荷
RECIPE ... p.57

COCOA

可可

RECIPE ... p.58

MATCHA & MACADAMIA NUTS

抹茶和夏威夷果仁

RECIPE ... p.59

紮實司康
SQUEAKY SCONES

PLAIN

原味

RECIPE ... p.60

LEMON & ORANGE MARMALADE

檸檬橘皮果醬

RECIPE ... p.84

LEMON & BLUE POPPY SEEDS

檸檬和藍罌粟籽

RECIPE ... p.61

SAKURA & RASPBERRY
櫻花和覆盆子
RECIPE ... p.62

YOMOGI
艾草
RECIPE ... p.63

FRIED ONION & PARMESAN CHEESE

炸洋蔥和起司粉

RECIPE ... p.64

HERB CASHEW NUT CREAM CHEESE

香草腰果起司醬

RECIPE ... p.87

PUMPKIN & WALNUTS

南瓜和核桃

RECIPE ... p.65

CHERRY & MINT JAM
櫻桃薄荷果醬
RECIPE ... p.85

酥脆司康 CRUNCH & FLUFFY SCONES

PLAIN
原味
RECIPE ... p.68

CRANBERRY & SLICED ALMOND

蔓越莓和杏仁片

RECIPE ... p.69

CHOCOLATE CHUNK
巧克力豆
RECIPE ... p.70

BITTER CHOCOLATE CREAM
苦甜巧克力醬
RECIPE ... p.86

BANANA & OATMEAL
香蕉和燕麥

RECIPE ... p.71

BUTTERSCOTCH CREAM
奶油糖抹醬

RECIPE ... p.86

SESAME & KINAKO

芝麻和黃豆粉

RECIPE ... p.72

CREAM CHEESE & MISO

奶油起司和味噌

RECIPE ... p.73

鮮奶油司康

CREAM SCONES

PLAIN

原味

RECIPE ... p.76

SWEET POTATO & RUM-RAISIN CREAM

蘭姆葡萄地瓜抹醬

RECIPE ... p.87

OOLONG TEA & ORANGE PEEL
烏龍茶和橙皮

RECIPE ... p.77

發酵司康

FERMENTED SCONES

RYE & CARAWAYS

裸麥和葛縷子

RECIPE ... p.78

CARAMEL APPLE JAM

焦糖蘋果醬

RECIPE ... p.85

ROSE & SAKE-KASU

玫瑰和酒粕

RECIPE ... p.79

純素司康

VEGAN SCONES

PLAIN

原味

RECIPE ... p.80

CARROT & CINNAMON
紅蘿蔔和肉桂

RECIPE ... p.81

美式司康

AMERICAN SCONES

BLUEBERRY & NUT BUTTER

藍莓和堅果醬

RECIPE ... p.82

DARK BEER & CHEDDAR CHEESE
黑啤酒和切達起司

RECIPE ... p.83

SCONES RECIPES

經典司康

誕生於英國的司康，
本來是用 100% 中筋麵粉製作，
但本書改用高筋麵粉加上低筋麵粉，
可以做出接近傳統的口感。

原味

材料 直徑 6cm 的菊花形烤模 6 個量

低筋麵粉 —— 100g
高筋麵粉 —— 100g
泡打粉 —— 8g
細砂糖 —— 30g
鹽 —— 1 小撮
奶油（無鹽） —— 60g
A
- 打散的蛋液 —— 25g（約 1/2 顆蛋）
- 牛奶 —— 70g
- 原味優格（無糖） —— 20g

乾麵粉、牛奶（塗抹用） —— 各適量

前置作業

- 奶油切成 1cm 的小丁，放冰箱冷藏。
- 把 **A** 倒進器皿裡攪拌均勻，放冰箱冷藏。
- 將烘焙紙鋪在烤盤上。
- 配合烘烤的時間，事先將烤箱預熱至 190℃。

把粉類、細砂糖和鹽倒入調理盆，
用打蛋器稍微攪拌一下，再以麵粉篩過濾。

加入事先冷藏備用的奶油。

3

將奶油與粉類混合拌勻。

4

用指腹捏碎奶油，呈紅豆大小即可。

迅速將粉類與奶油搓勻。

直到粉類與奶油都變成鬆散不黏手的狀態。

在調理盆中央壓出 1 個凹槽，倒入事先冷藏備用的 **A**。

以切拌的方式，用刮板攪拌均勻，讓粉類吸收水分。

9

用手使勁按壓麵團，揉成 1 團。

10

取出麵團，放在撒了乾麵粉的擀麵臺上，切成兩半。

11

把切成兩半的麵團疊在一起。

12

用手按壓重疊的麵團，重複步驟 10～12 共 4～5 次，再壓成均勻的硬度。

13

撒上 1 層薄薄的乾麵粉，
用擀麵棍將麵團擀成 1cm 厚的長方形。

14

拍掉表面多餘的乾麵粉，對折，讓麵團緊密貼合。

15

以擀麵棍將麵團擀成 2cm 厚，
用保鮮膜包起來，放入冰箱靜置 3～6 小時。

16

從冰箱取出麵團，撒上乾麵粉，以烤模切割塑形。

17

把剩下的麵團揉成 1 團，擀成 2cm 厚。

18

繼續以烤模切割塑形。

19

把最後剩下的麵團小力的揉成圓形，
和塑形後的麵團放在一起。

20

用刷子撥掉麵團表面的粉。

21

把麵團放在鋪了烘焙紙的烤盤上，表面塗上牛奶，
放入預熱好的烤箱烤 18～20 分鐘。

22

連同烤盤移到蛋糕散熱架上，放涼。

○ 如果用食物調理機製作麵團

如果使用食物調理機，攪拌麵團的過程會快很多。
請準備和用手攪拌相同的材料，進行同樣的前置作業。

1　把用麵粉篩過濾後的粉類、細砂糖和鹽倒入食物調理機，蓋上蓋子，「喀、喀」的短按 2～3 次開關，加入事先冷藏備用的奶油。

2　蓋上蓋子，「喀──喀──」的長按 8～10 次開關，讓奶油呈 2～3mm 大即可。

3　倒入事先冷藏備用的 A，蓋上蓋子，「喀──喀──」的長按 4～5 次開關，攪拌均勻。從食物調理機中取出麵團，揉成 1 團，接著從 p.48 的步驟 **13** 繼續往下做。

COLUMN 01

粉、油、水的比例

司康與粉、油、水這 3 個材料密不可分。本書主要使用高筋麵粉及低筋麵粉，依其蛋白質含量的高低，可以做成比較紮實或比較鬆軟的司康，請根據喜好的口感調整麵粉的比例。本書的經典司康使用高筋麵粉和低筋麵粉各半，藉此重現英國當地用中筋麵粉製作的司康風味。

為了做出入口即化的司康質地，使用的油脂要占粉類的 20～40%。舉例來說，如果在只有低筋麵粉的麵團裡加入大量的油脂，可以呈現有如軟餅乾或蛋糕的口感。如果用高筋麵粉搭配較多的油脂，則能保留高筋麵粉明顯的風味與強烈的香氣，還能減少其特有的黏性，做出美味的司康。

蛋、優格、水、牛奶、鮮奶油等水分將掌握司康的風味及口感，在本書中，200g 粉類通常要加入約一半分量（100g 左右）的水分。水分少一點可以做出更紮實的司康，藉此展現粉類和油脂的味道。

蛋的作用是讓司康具有圓潤的風味與鬆軟的口感。優格能帶出清爽的發酵風味，做成讓人感覺到熟度的司康，但是水分在烤的時候不容易蒸發，所以如果沒烤好，可能會變成口感軟爛的司康。牛奶扮演的角色是讓司康一放進嘴裡就自然散開。鮮奶油本身含的油分就不低，因此如果想做成入口即化的司康，製作時不要加太多油脂，可以改用鮮奶油代替。不過如果加太多鮮奶油，會阻礙麵粉發酵，一旦無法膨脹，就會變成又扁、又塌、又硬的司康。

鬆軟司康

只要使用 100% 低筋麵粉，
就能做出有如蛋糕般入口即化的鬆軟口感，
與司康常見的稍硬口感截然不同。
加上濃郁的蛋香及風味，是多數人都會喜歡的味道。

原味

材料　直徑 6cm 的圓形烤模 6 個量

低筋麵粉 —— 200g
泡打粉 —— 6g
細砂糖 —— 40g
鹽 —— 1 小撮
奶油（無鹽）—— 60g
A
- 打散的蛋液 —— 25g（約 $1/2$ 顆蛋）
- 牛奶 —— 60g
- 原味優格（無糖）—— 15g

乾麵粉、牛奶（塗抹用）—— 各適量

前置作業

- 奶油切成 1cm 的小丁，放冰箱冷藏。
- 把 A 倒進器皿裡攪拌均勻，放冰箱冷藏。
- 將烘焙紙鋪在烤盤上。
- 配合烘烤的時間，事先將烤箱預熱至 190℃。

作法

1. 把粉類、細砂糖和鹽倒入調理盆，用打蛋器稍微攪拌一下，再以麵粉篩過濾。
2. 加入事先冷藏備用的奶油，與粉類混合拌勻。
3. 用指腹捏碎奶油，呈紅豆大小即可。迅速將粉類與奶油搓勻，直到變成鬆散不黏手的狀態。
4. 在調理盆中央壓出 1 個凹槽，倒入事先冷藏備用的 A。
5. 以切拌的方式，用刮板攪拌均勻，讓粉類吸收水分。
6. 用手使勁按壓麵團，揉成 1 團。
7. 取出麵團，放在撒了乾麵粉的擀麵臺上，切成兩半。把切成兩半的麵團疊在一起，用手按壓重疊的麵團。
8. 重複步驟 **7** 共 4～5 次，再壓成均勻的硬度。
9. 撒上 1 層薄薄的乾麵粉，用擀麵棍將麵團擀成 1cm 厚的長方形。
10. 拍掉表面多餘的乾麵粉，對折，讓麵團緊密貼合。
11. 以擀麵棍將麵團擀成 2cm 厚，用保鮮膜包起來，放入冰箱靜置 3～6 小時。
12. 從冰箱取出麵團，撒上乾麵粉，以烤模切割塑形。
13. 把剩下的麵團揉成 1 團，擀成 2cm 厚，繼續以烤模切割塑形。把最後剩下的麵團小力的揉成圓形，和塑形後的麵團放在一起。
14. 用刷子撥掉麵團表面的粉，放在鋪了烘焙紙的烤盤上。
15. 表面塗上牛奶，放入預熱好的烤箱烤 18～20 分鐘。
16. 連同烤盤移到蛋糕散熱架上，放涼。

MEMO

如果想做出口感更鬆軟、入口即化的司康，可以將一半的牛奶換成鮮奶油，成品會更像蛋糕般輕盈、可口。

葡萄乾

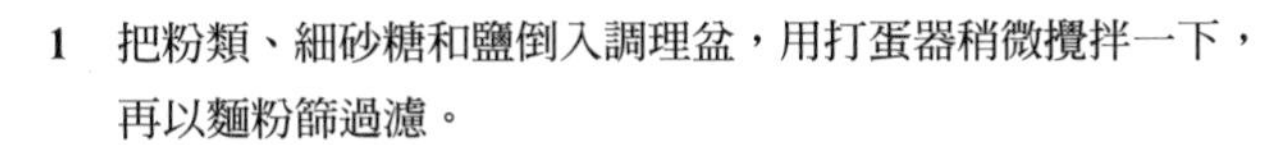

材料 邊長 5cm 的正方形 4 個量

低筋麵粉 —— 200g
泡打粉 —— 6g
細砂糖 —— 40g
鹽 —— 1 小撮
奶油（無鹽） —— 60g
葡萄乾 —— 50g
A | 打散的蛋液 —— 25g（約 1/2 顆蛋）
　| 牛奶 —— 60g
　| 原味優格（無糖） —— 15g
乾麵粉、牛奶（塗抹用） —— 各適量

前置作業

・奶油切成 1cm 的小丁，放冰箱冷藏。
・把 A 倒進器皿裡攪拌均勻，放冰箱冷藏。
・將烘焙紙鋪在烤盤上。
・配合烘烤的時間，事先將烤箱預熱至 190℃。

作法

1 把粉類、細砂糖和鹽倒入調理盆，用打蛋器稍微攪拌一下，再以麵粉篩過濾。
2 加入事先冷藏備用的奶油，與粉類混合拌勻。
3 用指腹捏碎奶油，呈紅豆大小即可。迅速將粉類與奶油搓勻，直到變成鬆散不黏手的狀態。
4 在調理盆中央壓出 1 個凹槽，倒入事先冷藏備用的 **A**。
5 以切拌的方式，用刮板攪拌均勻。攪拌到一定程度後，加入葡萄乾ⓐ，繼續以切拌的方式拌勻，讓粉類吸收水分。
6 用手使勁按壓麵團，揉成 1 團。
7 取出麵團，放在撒了乾麵粉的擀麵臺上，切成兩半。把切成兩半的麵團疊在一起，用手按壓重疊的麵團。
8 重複步驟 **7** 共 4～5 次，再壓成均勻的硬度。
9 撒上 1 層薄薄的乾麵粉，用擀麵棍將麵團擀成 1cm 厚的長方形。
10 拍掉表面多餘的乾麵粉，對折，讓麵團緊密貼合。
11 以擀麵棍將麵團擀成厚 2cm、邊長 12cm 的正方形，用保鮮膜包起來，放入冰箱靜置 3～6 小時。
12 從冰箱取出麵團，撒上乾麵粉，四邊各切掉 3～5mm，以劃十字的方式切成 4 等分。把切掉的麵團小力的揉成圓形，和塑形後的麵團放在一起。
13 用刷子撥掉麵團表面的粉，放在鋪了烘焙紙的烤盤上。
14 表面塗上牛奶，放入預熱好的烤箱烤 19～21 分鐘。
15 連同烤盤移到蛋糕散熱架上，放涼。

MEMO

加入果乾等固態材料的司康麵團，直接用刀切會比用烤模切割，更能做出平整的斷面。

伯爵茶

材料　直徑 4cm 的菊花形烤模 8 個量

低筋麵粉 —— 200g
泡打粉 —— 6g
細砂糖 —— 40g
鹽 —— 1 小撮
奶油（無鹽）—— 60g
伯爵茶（茶葉）—— 5g
A｜打散的蛋液 —— 25g（約 1/2 顆蛋）
　｜牛奶 —— 65g
　｜原味優格（無糖）—— 15g
乾麵粉、牛奶（塗抹用）—— 各適量

前置作業

- 奶油切成 1cm 的小丁，放冰箱冷藏。
- 把 A 倒進器皿裡攪拌均勻，放冰箱冷藏。
- 將烘焙紙鋪在烤盤上。
- 配合烘烤的時間，事先將烤箱預熱至 190℃。

作法

1. 把粉類、細砂糖和鹽倒入調理盆，用打蛋器稍微攪拌一下，再以麵粉篩過濾。
2. 加入事先冷藏備用的奶油，與粉類混合拌勻。
3. 用指腹捏碎奶油，呈紅豆大小即可。迅速將粉類與奶油搓勻，直到變成鬆散不黏手的狀態。
4. 在調理盆中央壓出 1 個凹槽，倒入事先冷藏備用的 A。
5. 以切拌的方式，用刮板攪拌均勻。攪拌到一定程度後，加入伯爵茶葉，繼續以切拌的方式拌勻，讓粉類吸收水分。
6. 用手使勁按壓麵團，揉成 1 團。
7. 取出麵團，放在撒了乾麵粉的擀麵臺上，切成兩半。把切成兩半的麵團疊在一起，用手按壓重疊的麵團。
8. 重複步驟 7 共 4～5 次，再壓成均勻的硬度。
9. 撒上 1 層薄薄的乾麵粉，用擀麵棍將麵團擀成 1cm 厚的長方形。
10. 拍掉表面多餘的乾麵粉，對折，讓麵團緊密貼合。
11. 以擀麵棍將麵團擀成 2cm 厚，用保鮮膜包起來，放入冰箱靜置 3～6 小時。
12. 從冰箱取出麵團，撒上乾麵粉，以烤模切割塑形。
13. 把剩下的麵團揉成 1 團，擀成 2cm 厚，繼續以烤模切割塑形。把最後剩下的麵團小力的揉成圓形，和塑形後的麵團放在一起。
14. 用刷子撥掉麵團表面的粉，放在鋪了烘焙紙的烤盤上。
15. 表面塗上牛奶，放入預熱好的烤箱烤 16～18 分鐘。
16. 連同烤盤移到蛋糕散熱架上，放涼。

MEMO

茶葉等乾燥的材料會吸收司康麵團內的水分，如果製作麵團時稍微多加一點水，更能烤出恰到好處的口感。

洋甘菊和薄荷

材料 直徑 4cm 的圓形烤模 8 個量

低筋麵粉 —— 200g
泡打粉 —— 6g
細砂糖 —— 40g
鹽 —— 1 小撮
奶油（無鹽）—— 60g
洋甘菊（乾燥）—— 5g
薄荷（乾燥）—— 3g

A
- 打散的蛋液 —— 25g（約 1/2 顆蛋）
- 牛奶 —— 65g
- 原味優格（無糖）—— 15g

乾麵粉、牛奶（塗抹用）—— 各適量

前置作業

- 奶油切成 1cm 的小丁，放冰箱冷藏。
- 把 A 倒進器皿裡攪拌均勻，放冰箱冷藏。
- 將烘焙紙鋪在烤盤上。
- 配合烘烤的時間，事先將烤箱預熱至 190℃。

作法

1. 把粉類、細砂糖和鹽倒入調理盆，用打蛋器稍微攪拌一下，再以麵粉篩過濾。
2. 加入事先冷藏備用的奶油，與粉類混合拌勻。
3. 用指腹捏碎奶油，呈紅豆大小即可。迅速將粉類與奶油搓勻，直到變成鬆散不黏手的狀態。
4. 在調理盆中央壓出 1 個凹槽，倒入事先冷藏備用的 A。
5. 以切拌的方式，用刮板攪拌均勻。攪拌到一定程度後，加入洋甘菊和薄荷，繼續以切拌的方式拌勻，讓粉類吸收水分。
6. 用手使勁按壓麵團，揉成 1 團。
7. 取出麵團，放在撒了乾麵粉的擀麵臺上，切成兩半。把切成兩半的麵團疊在一起，用手按壓重疊的麵團。
8. 重複步驟 7 共 4～5 次，再壓成均勻的硬度。
9. 撒上 1 層薄薄的乾麵粉，用擀麵棍將麵團擀成 1cm 厚的長方形。
10. 拍掉表面多餘的乾麵粉，對折，讓麵團緊密貼合。
11. 以擀麵棍將麵團擀成 2cm 厚，用保鮮膜包起來，放入冰箱靜置 3～6 小時。
12. 從冰箱取出麵團，撒上乾麵粉，以烤模切割塑形。
13. 把剩下的麵團揉成 1 團，擀成 2cm 厚，繼續以烤模切割塑形。把最後剩下的麵團小力的揉成圓形，和塑形後的麵團放在一起。
14. 用刷子撥掉麵團表面的粉，放在鋪了烘焙紙的烤盤上。
15. 表面塗上牛奶，放入預熱好的烤箱烤 16～18 分鐘。
16. 連同烤盤移到蛋糕散熱架上，放涼。

MEMO

薄荷的分量控制在散發淡雅的香味即可，洋甘菊可以多加一點沒關係。可以改用市售的綜合香草茶葉，或是加入自己喜歡的香草。

可可

材料 邊長 5cm 的正三角形 5 個量

低筋麵粉 —— 180g
可可粉 —— 15g
泡打粉 —— 6g
細砂糖 —— 40g
鹽 —— 1 小撮
奶油（無鹽） —— 70g
A
- 打散的蛋液 —— 25g（約 1/2 顆蛋）
- 牛奶 —— 60g
- 原味優格（無糖） —— 15g

乾麵粉、牛奶（塗抹用） —— 各適量

前置作業

- 奶油切成 1cm 的小丁，放冰箱冷藏。
- 把 A 倒進器皿裡攪拌均勻，放冰箱冷藏。
- 將烘焙紙鋪在烤盤上。
- 配合烘烤的時間，事先將烤箱預熱至 190℃。

作法

1. 把粉類、細砂糖和鹽倒入調理盆，用打蛋器稍微攪拌一下，再以麵粉篩過濾。
2. 加入事先冷藏備用的奶油，與粉類混合拌勻。
3. 用指腹捏碎奶油，呈紅豆大小即可。迅速將粉類與奶油搓勻，直到變成鬆散不黏手的狀態。
4. 在調理盆中央壓出 1 個凹槽，倒入事先冷藏備用的 **A**。
5. 以切拌的方式，用刮板攪拌均勻，讓粉類吸收水分。
6. 用手使勁按壓麵團，揉成 1 團。
7. 取出麵團，放在撒了乾麵粉的擀麵臺上，切成兩半。把切成兩半的麵團疊在一起，用手按壓重疊的麵團。
8. 重複步驟 **7** 共 4～5 次，再壓成均勻的硬度。
9. 撒上 1 層薄薄的乾麵粉，用擀麵棍將麵團擀成 1cm 厚的長方形。
10. 拍掉表面多餘的乾麵粉，對折，讓麵團緊密貼合。
11. 以擀麵棍將麵團擀成 2cm 厚，用保鮮膜包起來，放入冰箱靜置 3～6 小時。
12. 從冰箱取出麵團，撒上乾麵粉，切成邊長 5cm 的正三角形。
13. 把剩下的麵團揉成 1 團，擀成 2cm 厚，再切成同樣的正三角形。把最後剩下的麵團小力的揉成圓形，和塑形後的麵團放在一起。
14. 用刷子撥掉麵團表面的粉，放在鋪了烘焙紙的烤盤上。
15. 表面塗上牛奶，放入預熱好的烤箱烤 16～18 分鐘。
16. 連同烤盤移到蛋糕散熱架上，放涼。

MEMO

加入用來調味或增色的材料時，最理想的分量是低筋麵粉分量的 10% 左右。不過可可粉和抹茶粉的粒子比低筋麵粉細，容易吸收水分，讓麵團變得乾巴巴，所以要放得比低筋麵粉分量的 10% 再少一點。

抹茶和夏威夷果仁

材料 直徑 5cm 的圓形烤模 7 個量

低筋麵粉 —— 180g
抹茶粉 —— 12g
泡打粉 —— 6g
細砂糖 —— 40g
鹽 —— 1 小撮
奶油（無鹽） —— 70g
夏威夷果仁 —— 30g
A
打散的蛋液 —— 25g（約 1/2 顆蛋）
牛奶 —— 60g
原味優格（無糖） —— 15g
乾麵粉、牛奶（塗抹用） —— 各適量

前置作業

· 奶油切成 1cm 的小丁，放冰箱冷藏。
· 夏威夷果仁切成 3mm 大。
· 把 A 倒進器皿裡攪拌均勻，放冰箱冷藏。
· 將烘焙紙鋪在烤盤上。
· 配合烘烤的時間，事先將烤箱預熱至 190℃。

作法

1 把粉類、細砂糖和鹽倒入調理盆，用打蛋器稍微攪拌一下，再以麵粉篩過濾。
2 加入事先冷藏備用的奶油，與粉類混合拌勻。
3 用指腹捏碎奶油，呈紅豆大小即可。迅速將粉類與奶油搓勻，直到變成鬆散不黏手的狀態。
4 在調理盆中央壓出 1 個凹槽，倒入事先冷藏備用的 A。
5 以切拌的方式，用刮板攪拌均勻。攪拌到一定程度後，加入夏威夷果仁，繼續以切拌的方式拌勻，讓粉類吸收水分。
6 用手使勁按壓麵團，揉成 1 團。
7 取出麵團，放在撒了乾麵粉的擀麵臺上，切成兩半。把切成兩半的麵團疊在一起，用手按壓重疊的麵團。
8 重複步驟 7 共 4～5 次，再壓成均勻的硬度。
9 撒上 1 層薄薄的乾麵粉，用擀麵棍將麵團擀成 1cm 厚的長方形。
10 拍掉表面多餘的乾麵粉，對折，讓麵團緊密貼合。
11 以擀麵棍將麵團擀成 2cm 厚，用保鮮膜包起來，放入冰箱靜置 3～6 小時。
12 從冰箱取出麵團，撒上乾麵粉，以烤模切割塑形。
13 把剩下的麵團揉成 1 團，擀成 2cm 厚，繼續以烤模切割塑形。把最後剩下的麵團小力的揉成圓形，和塑形後的麵團放在一起。
14 用刷子撥掉麵團表面的粉，放在鋪了烘焙紙的烤盤上。
15 表面塗上牛奶，放入預熱好的烤箱烤 17～19 分鐘。
16 連同烤盤移到蛋糕散熱架上，放涼。

MEMO

抹茶粉和可可粉一樣具有苦味及澀味，如果比照可可粉的分量與低筋麵粉混合，風味會太強烈，因此這裡的抹茶粉分量做了些微調整。

紮實司康

和鬆軟司康一樣，
紮實司康也使用 100% 低筋麵粉製作，
不過優格的含量比較多，
因此可以烤出紮實的口感。

原味

材料 直徑 5cm 的菊花形烤模 7 個量

低筋麵粉 —— 200g
泡打粉 —— 7g
細砂糖 —— 25g
鹽 —— 1 小撮
奶油（無鹽）—— 65g
A 原味優格（無糖）—— 60g
水 —— 30g
牛奶 —— 10g
乾麵粉、牛奶（塗抹用）—— 各適量

前置作業

- 奶油切成 1cm 的小丁，放冰箱冷藏。
- 把 A 倒進器皿裡攪拌均勻，放冰箱冷藏。
- 將烘焙紙鋪在烤盤上。
- 配合烘烤的時間，事先將烤箱預熱至 190℃。

作法

1. 把粉類、細砂糖和鹽倒入調理盆，用打蛋器稍微攪拌一下，再以麵粉篩過濾。
2. 加入事先冷藏備用的奶油，與粉類混合拌勻。
3. 用指腹捏碎奶油，呈紅豆大小即可。迅速將粉類與奶油搓勻，直到變成鬆散不黏手的狀態。
4. 在調理盆中央壓出 1 個凹槽，倒入事先冷藏備用的 A。
5. 以切拌的方式，用刮板攪拌均勻，讓粉類吸收水分。
6. 用手使勁按壓麵團，揉成 1 團。
7. 取出麵團，放在撒了乾麵粉的擀麵臺上，切成兩半。把切成兩半的麵團疊在一起，用手按壓重疊的麵團。
8. 重複步驟 7 共 4～5 次，再壓成均勻的硬度。
9. 撒上 1 層薄薄的乾麵粉，用擀麵棍將麵團擀成 1cm 厚的長方形。
10. 拍掉表面多餘的乾麵粉，對折，讓麵團緊密貼合。
11. 以擀麵棍將麵團擀成 2cm 厚，用保鮮膜包起來，放入冰箱靜置 3～6 小時。
12. 從冰箱取出麵團，撒上乾麵粉，以烤模切割塑形。
13. 把剩下的麵團揉成 1 團，擀成 2cm 厚，繼續以烤模切割塑形。把最後剩下的麵團小力的揉成圓形，和塑形後的麵團放在一起。
14. 用刷子撥掉麵團表面的粉，放在鋪了烘焙紙的烤盤上。
15. 表面塗上牛奶，放入預熱好的烤箱烤 18～20 分鐘。
16. 連同烤盤移到蛋糕散熱架上，放涼。

MEMO

不加蛋的司康因為沒有蛋的味道，可以更清楚品嘗到低筋麵粉及材料的風味。

檸檬和藍罌粟籽

材料 邊長 2.5cm 的正方形 10 個量

低筋麵粉 —— 200g
泡打粉 —— 7g
細砂糖 —— 30g
鹽 —— 1 小撮
奶油（無鹽）—— 65g
藍罌粟籽 —— 20g
磨碎的檸檬皮（如果有）—— 1 顆量

A
- 原味優格（無糖）—— 70g
- 檸檬汁 —— 15g
- 水 —— 10g

B
- 糖粉 —— 80g
- 檸檬汁 —— 2 小匙

乾麵粉、牛奶（塗抹用）—— 各適量

前置作業

- 奶油切成 1cm 的小丁，放冰箱冷藏。
- 把 **A** 倒進器皿裡攪拌均勻，放冰箱冷藏。
- 將烘焙紙鋪在烤盤上。
- 配合烘烤的時間，事先將烤箱預熱至 190℃。

ⓐ

作法

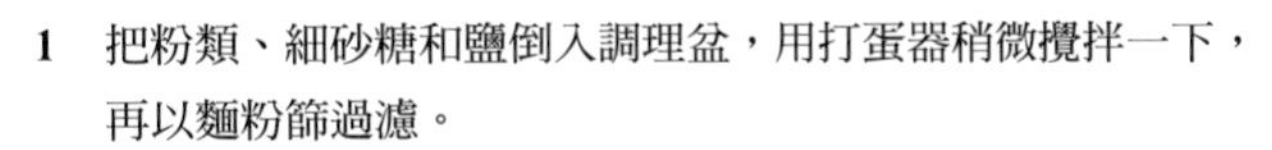

1. 把粉類、細砂糖和鹽倒入調理盆，用打蛋器稍微攪拌一下，再以麵粉篩過濾。
2. 加入事先冷藏備用的奶油，與粉類混合拌勻。
3. 用指腹捏碎奶油，呈紅豆大小即可。迅速將粉類與奶油搓勻，直到變成鬆散不黏手的狀態。
4. 在調理盆中央壓出 1 個凹槽，倒入事先冷藏備用的 **A**。
5. 以切拌的方式，用刮板攪拌均勻。攪拌到一定程度後，加入藍罌粟籽ⓐ，再加入一半的檸檬皮，繼續以切拌的方式拌勻，讓粉類吸收水分。
6. 用手使勁按壓麵團，揉成 1 團。
7. 取出麵團，放在撒了乾麵粉的擀麵臺上，切成兩半。把切成兩半的麵團疊在一起，用手按壓重疊的麵團。
8. 重複步驟 **7** 共 4～5 次，再壓成均勻的硬度。
9. 撒上 1 層薄薄的乾麵粉，用擀麵棍將麵團擀成 1cm 厚的長方形。
10. 拍掉表面多餘的乾麵粉，對折，讓麵團緊密貼合。
11. 以擀麵棍將麵團擀成 2cm 厚，用保鮮膜包起來，放入冰箱靜置 3～6 小時。
12. 從冰箱取出麵團，撒上乾麵粉，切成邊長 2.5cm 的正方形。
13. 把剩下的麵團揉成 1 團，擀成 2cm 厚，再切成同樣的正方形。把最後剩下的麵團小力的揉成圓形，和塑形後的麵團放在一起。
14. 用刷子撥掉麵團表面的粉，放在鋪了烘焙紙的烤盤上。
15. 表面塗上牛奶，放入預熱好的烤箱烤 16～18 分鐘。
16. 連同烤盤移到蛋糕散熱架上，放涼。
17. 把 **B** 倒進器皿裡，攪拌到柔軟細緻為止，用湯匙抹在司康的表面，再撒上剩下的檸檬皮。

MEMO

如果想做成具有清爽酸味的司康，也可以把 **A** 的水換成檸檬汁。

櫻花和覆盆子

材料 直徑 5cm 的圓形烤模 7 個量

低筋麵粉 —— 200g
泡打粉 —— 7g
細砂糖 —— 25g
奶油（無鹽） —— 65g
冷凍脫水覆盆子 —— 10g
鹽漬櫻花 —— 40g
粗糖粒 —— 20g

A
原味優格（無糖） —— 60g
水 —— 30g
牛奶 —— 10g

乾麵粉、牛奶（塗抹用） —— 各適量

前置作業

- 奶油切成 1cm 的小丁，放冰箱冷藏。
- 鹽漬櫻花在水中甩幾下，洗掉鹽分，再以大量的水浸泡約 10 分鐘後，瀝乾水分。預留 7 朵櫻花作為裝飾，剩下的稍微切碎。
- 把稍微切碎的櫻花和 **A** 倒進器皿裡攪拌均勻，放冰箱冷藏。
- 將烘焙紙鋪在烤盤上。
- 配合烘烤的時間，事先將烤箱預熱至 190℃。

作法

1. 把粉類和細砂糖倒入調理盆，用打蛋器稍微攪拌一下，再以麵粉篩過濾。
2. 倒入覆盆子，與粉類混合拌勻。
3. 加入事先冷藏備用的奶油，與粉類混合拌勻。
4. 用指腹捏碎奶油，呈紅豆大小即可。迅速將粉類與奶油搓勻，直到變成鬆散不黏手的狀態。
5. 在調理盆中央壓出 1 個凹槽，倒入事先冷藏備用的 **A**。
6. 以切拌的方式，用刮板攪拌均勻，讓粉類吸收水分。
7. 用手使勁按壓麵團，揉成 1 團。
8. 取出麵團，放在撒了乾麵粉的擀麵臺上，切成兩半。把切成兩半的麵團疊在一起，用手按壓重疊的麵團。
9. 重複步驟 **8** 共 4～5 次，再壓成均勻的硬度。
10. 撒上 1 層薄薄的乾麵粉，用擀麵棍將麵團擀成 1cm 厚的長方形。
11. 拍掉表面多餘的乾麵粉，對折，讓麵團緊密貼合。
12. 以擀麵棍將麵團擀成 2cm 厚，用保鮮膜包起來，放入冰箱靜置 3～6 小時。
13. 從冰箱取出麵團，撒上乾麵粉，以烤模切割塑形。
14. 把剩下的麵團揉成 1 團，擀成 2cm 厚，繼續以烤模切割塑形。把最後剩下的麵團小力的揉成圓形，和塑形後的麵團放在一起。
15. 用刷子撥掉麵團表面的粉，放在鋪了烘焙紙的烤盤上。
16. 表面塗上牛奶，撒上粗糖粒，放上裝飾用的櫻花，放入預熱好的烤箱烤 18～20 分鐘。
17. 連同烤盤移到蛋糕散熱架上，放涼。

MEMO

如果沒有冷凍脫水覆盆子，可以把 **A** 的水和牛奶換成草莓果汁來代替。

艾草

材料　直徑 4cm 的菊花形烤模 8 個量

低筋麵粉 —— 200g
泡打粉 —— 7g
細砂糖 —— 25g
鹽 —— 1 小撮
奶油（無鹽） —— 65g
艾草（乾燥） —— 10g
A｜原味優格（無糖） —— 60g
　｜水 —— 30g
　｜牛奶 —— 10g
乾麵粉、牛奶（塗抹用） —— 各適量

前置作業

・奶油切成 1cm 的小丁，放冰箱冷藏。
・把艾草 ⓐ 和 **A** 倒進器皿裡攪拌均勻，放冰箱冷藏。
・將烘焙紙鋪在烤盤上。
・配合烘烤的時間，事先將烤箱預熱至 190℃。

ⓐ

作法

1 把粉類、細砂糖和鹽倒入調理盆，用打蛋器稍微攪拌一下，再以麵粉篩過濾。
2 加入事先冷藏備用的奶油，與粉類混合拌勻。
3 用指腹捏碎奶油，呈紅豆大小即可。迅速將粉類與奶油搓勻，直到變成鬆散不黏手的狀態。
4 在調理盆中央壓出 1 個凹槽，倒入事先冷藏備用的 **A**。
5 以切拌的方式，用刮板攪拌均勻，讓粉類吸收水分。
6 用手使勁按壓麵團，揉成 1 團。
7 取出麵團，放在撒了乾麵粉的擀麵臺上，切成兩半。把切成兩半的麵團疊在一起，用手按壓重疊的麵團。
8 重複步驟 **7** 共 4～5 次，再壓成均勻的硬度。
9 撒上 1 層薄薄的乾麵粉，用擀麵棍將麵團擀成 1cm 厚的長方形。
10 拍掉表面多餘的乾麵粉，對折，讓麵團緊密貼合。
11 以擀麵棍將麵團擀成 2cm 厚，用保鮮膜包起來，放入冰箱靜置 3～6 小時。
12 從冰箱取出麵團，撒上乾麵粉，以烤模切割塑形。
13 把剩下的麵團揉成 1 團，擀成 2cm 厚，繼續以烤模切割塑形。把最後剩下的麵團小力的揉成圓形，和塑形後的麵團放在一起。
14 用刷子撥掉麵團表面的粉，放在鋪了烘焙紙的烤盤上。
15 表面塗上牛奶，放入預熱好的烤箱烤 17～19 分鐘。
16 連同烤盤移到蛋糕散熱架上，放涼。

MEMO

如果要使用新鮮的艾草，必須先用滾水汆燙以去除澀味，徹底擰乾水分後切碎。準備 30g 來做成麵團，但不要加入 **A** 的牛奶。

炸洋蔥和起司粉

材料 底 5cm、高 8cm 的等腰三角形 4 個量

低筋麵粉 —— 200g
泡打粉 —— 7g
起司粉 —— 30g
細砂糖 —— 20g
奶油（無鹽）—— 50g
炸洋蔥 —— 40g

A
- 原味優格（無糖）—— 60g
- 水 —— 30g
- 牛奶 —— 10g
- 黑胡椒 —— 少許
- 蒜泥 —— 少許

乾麵粉、牛奶（塗抹用）—— 各適量

前置作業

- 奶油切成 1cm 的小丁，放冰箱冷藏。
- 把 **A** 倒進器皿裡攪拌均勻，放冰箱冷藏。
- 將烘焙紙鋪在烤盤上。
- 配合烘烤的時間，事先將烤箱預熱至 190℃。

作法

1. 把粉類和細砂糖倒入調理盆，用打蛋器稍微攪拌一下，再以麵粉篩過濾。
2. 加入事先冷藏備用的奶油，與粉類混合拌勻。
3. 用指腹捏碎奶油，呈紅豆大小即可。迅速將粉類與奶油搓勻，直到變成鬆散不黏手的狀態。
4. 在調理盆中央壓出 1 個凹槽，倒入事先冷藏備用的 **A**。
5. 以切拌的方式，用刮板攪拌均勻。攪拌到一定程度後，加入洋蔥，繼續以切拌的方式拌勻，讓粉類吸收水分。
6. 用手使勁按壓麵團，揉成 1 團。
7. 取出麵團，放在撒了乾麵粉的擀麵臺上，切成兩半。把切成兩半的麵團疊在一起，用手按壓重疊的麵團。
8. 重複步驟 **7** 共 4～5 次，再壓成均勻的硬度。
9. 撒上 1 層薄薄的乾麵粉，用擀麵棍將麵團擀成 1cm 厚的長方形。
10. 拍掉表面多餘的乾麵粉，對折，讓麵團緊密貼合。
11. 以擀麵棍將麵團擀成 2cm 厚，用保鮮膜包起來，放入冰箱靜置 3～6 小時。
12. 從冰箱取出麵團，撒上乾麵粉，切成底 5cm、高 8cm 的等腰三角形。
13. 把剩下的麵團揉成 1 團，擀成 2cm 厚，再切成同樣的等腰三角形。把最後剩下的麵團小力的揉成圓形，和塑形後的麵團放在一起。
14. 用刷子撥掉麵團表面的粉，放在鋪了烘焙紙的烤盤上。
15. 表面塗上牛奶，放入預熱好的烤箱烤 18～20 分鐘。
16. 連同烤盤移到蛋糕散熱架上，放涼。

MEMO

這款司康使用的砂糖分量比較少，適合喜歡鹹味司康的人。可以烤得酥脆可口，即使容易烤焦的邊角也不容易烤焦。

南瓜和核桃

材料 直徑 6cm 的圓形烤模 7 個量

低筋麵粉 —— 200g
泡打粉 —— 8g
肉豆蔻粉 —— 少許
細砂糖 —— 30g
鹽 —— 1 小撮
奶油（無鹽） —— 65g
蒸南瓜 —— 70～80g
核桃 —— 30g
A 原味優格（無糖） —— 60g
牛奶 —— 20g
乾麵粉、牛奶（塗抹用） —— 各適量

前置作業

- 奶油切成 1cm 的小丁，放冰箱冷藏。
- 南瓜搗成喜歡的大小。
- 把搗碎的南瓜和 **A** 倒進器皿裡攪拌均勻，放冰箱冷藏。
- 核桃切成 3mm 大。
- 將烘焙紙鋪在烤盤上。
- 配合烘烤的時間，事先將烤箱預熱至 190℃。

作法

1. 把粉類、細砂糖和鹽倒入調理盆，用打蛋器稍微攪拌一下，再以麵粉篩過濾。
2. 加入事先冷藏備用的奶油，與粉類混合拌勻。
3. 用指腹捏碎奶油，呈紅豆大小即可。迅速將粉類與奶油搓勻，直到變成鬆散不黏手的狀態。
4. 在調理盆中央壓出 1 個凹槽，倒入事先冷藏備用的 **A**。
5. 以切拌的方式，用刮板攪拌均勻。攪拌到一定程度後，加入核桃，繼續以切拌的方式拌勻，讓粉類吸收水分。
6. 用手使勁按壓麵團，揉成 1 團。
7. 取出麵團，放在撒了乾麵粉的擀麵臺上，切成兩半。把切成兩半的麵團疊在一起，用手按壓重疊的麵團。
8. 重複步驟 **7** 共 4～5 次，再壓成均勻的硬度。
9. 撒上 1 層薄薄的乾麵粉，用擀麵棍將麵團擀成 1cm 厚的長方形。
10. 拍掉表面多餘的乾麵粉，對折，讓麵團緊密貼合。
11. 以擀麵棍將麵團擀成 1.5cm 厚，用保鮮膜包起來，放入冰箱靜置 3～6 小時。
12. 從冰箱取出麵團，撒上乾麵粉，以烤模切割塑形。
13. 把剩下的麵團揉成 1 團，擀成 1.5cm 厚，繼續以烤模切割塑形。把最後剩下的麵團小力的揉成圓形，和塑形後的麵團放在一起。
14. 用刷子撥掉麵團表面的粉，放在鋪了烘焙紙的烤盤上。
15. 表面塗上牛奶，放入預熱好的烤箱烤 18～20 分鐘。
16. 連同烤盤移到蛋糕散熱架上，放涼。

MEMO

製作司康時，如果要加入大量像南瓜這種含有水分及澱粉的材料，麵團必須擀得薄一點，否則容易沒烤熟。

COLUMN 02

口感與風味依使用的粉類而異

本書使用 200g 麵粉來製作司康，主要是低筋麵粉或高筋麵粉，也可以改用 100% 米粉，或以 10～20%（20～40g）的比例混入喜歡的粉類，就能烤出口感及風味都不一樣的司康。

〔米粉 100%〕

表面硬脆，風味十分輕盈

米粉在烘烤的時候，不會在麵團表面形成麩質的膜，泡打粉帶來的空氣會跑掉，因此麵團無法膨脹，使質地很紮實。不容易上色，也缺乏司康該有的麵粉香氣，但是可以突顯奶油、紅茶茶葉、抹茶粉、果乾等材料的香味。

〔麵粉 90% ＋ 玉米粉 10%〕

表面清脆，內層入口即化

玉米粉本身沒什麼味道，但是帶來的口感非常好，所以很適合用來控制想要的口感。在混合的時候加入 10% 的分量，就能發揮玉米粉的功效。

〔麵粉 80% ＋ 杏仁粉 20%〕

表面酥脆，裡面充滿空氣感

杏仁粉具有奶油所沒有的香氣，還可以增加口感。由於風味十分強烈，一旦分量超過 20%，就會烤得和堅果餅乾一樣，香味過於搶戲。

〔麵粉 80% ＋ 燕麥 20%〕

表面酥脆，具有豐富的口感

燕麥具有特殊的風味，香氣四溢。烤好後的質地並不紮實，但是帶有顆粒，能為口感增加變化。加入 10～20% 的燕麥，就能呈現出迷人的香氣。

〔麵粉 80% ＋ 蕎麥粉 20%〕

表面酥脆，一放到嘴裡就散開

蕎麥粉與燕麥有異曲同工之妙，烤好後的香氣會像麥片一樣撲鼻而來。分量如果超過 20%，蕎麥粉的風味會太強烈。

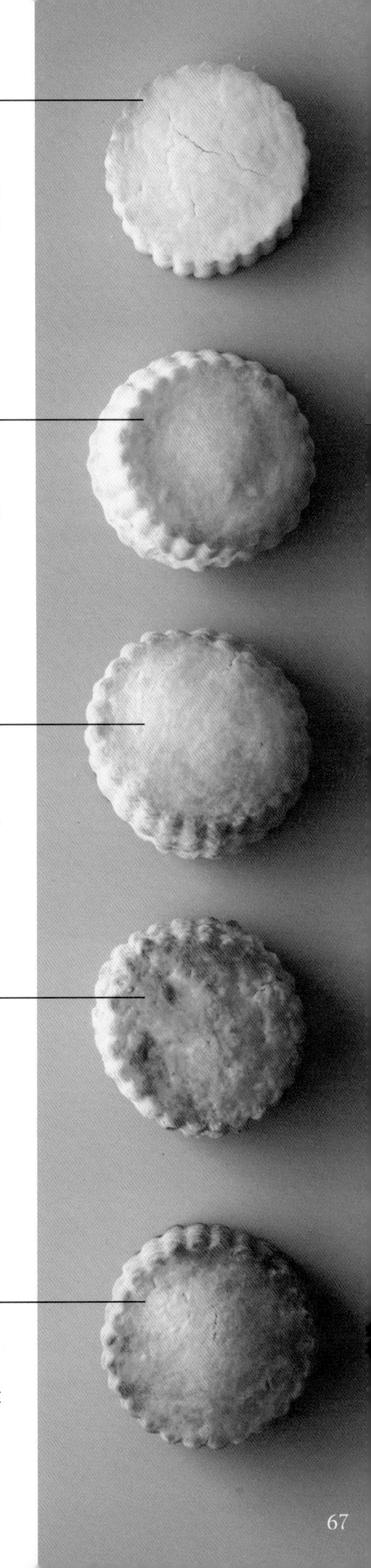

酥脆司康

這是以 75% 高筋麵粉和 25% 低筋麵粉製作的司康。
使用高筋麵粉能烤出麵包般酥脆的表面，
澱粉含量不同的高筋麵粉也會帶來不同的口感。

原味

材料 邊長 5cm 的正方形 4 個量

高筋麵粉 —— 150g
低筋麵粉 —— 50g
泡打粉 —— 8g
細砂糖 —— 30g
鹽 —— 1 小撮
奶油（無鹽） —— 80g
A | 打散的蛋液 —— 50g（約 1 顆蛋）
　| 原味優格（無糖） —— 30g
　| 鮮奶油（或牛奶） —— 15g
乾麵粉、牛奶（塗抹用） —— 各適量

前置作業

- 奶油置於室溫下，使其軟化。
- 把 A 倒進器皿裡攪拌均勻，放冰箱冷藏。
- 將烘焙紙鋪在烤盤上。
- 配合烘烤的時間，事先將烤箱預熱至 190℃。

作法

1 把粉類、細砂糖和鹽倒入調理盆，用打蛋器稍微攪拌一下，再以麵粉篩過濾。
2 加入變軟的奶油，用橡皮刮刀以壓向調理盆側面的方式，將奶油與粉類混合拌勻 ⓐ。
3 倒入事先冷藏備用的 A，以切拌的方式，用刮板攪拌均勻，讓粉類吸收水分。
4 用手使勁按壓麵團，揉成 1 團。
5 取出麵團，放在撒了乾麵粉的擀麵臺上，用手輕輕揉捏 6～8 次，以揉出筋度 ⓑ。
6 撒上 1 層薄薄的乾麵粉，以擀麵棍將麵團擀成厚 2cm、邊長 12cm 的正方形，用保鮮膜包起來，放入冰箱靜置 3～6 小時。
7 從冰箱取出麵團，撒上乾麵粉，四邊各切掉 3～5mm，以劃十字的方式切成 4 等分。把切掉的麵團小力的揉成圓形，和塑形後的麵團放在一起。
8 用刷子撥掉麵團表面的粉，放在鋪了烘焙紙的烤盤上。
9 表面塗上牛奶，放入預熱好的烤箱烤 19～21 分鐘。
10 連同烤盤移到蛋糕散熱架上，放涼。

MEMO

使用軟化的奶油與其他材料拌勻來製作甜點的方法，稱為糖油拌合法，也是烘焙坊或麵包店要 1 次製作大量司康時用的方法。

ⓐ

ⓑ

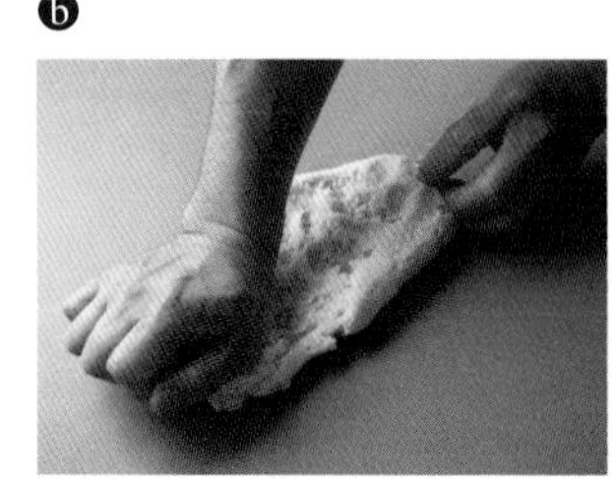

蔓越莓和杏仁片

材料 邊長 2.5cm 的正方形 10 個量

高筋麵粉 —— 150g
低筋麵粉 —— 50g
泡打粉 —— 8g
小豆蔻粉（如果有）—— 少許
細砂糖 —— 30g
鹽 —— 1 小撮
奶油（無鹽）—— 80g
蔓越莓果乾 —— 50g
杏仁片 —— 30g

A
- 打散的蛋液 —— 50g（約 1 顆蛋）
- 原味優格（無糖）—— 30g
- 鮮奶油（或牛奶）—— 15g

乾麵粉、牛奶（塗抹用）—— 各適量

前置作業

- 奶油置於室溫下，使其軟化。
- 把 A 倒進器皿裡攪拌均勻，放冰箱冷藏。
- 將烘焙紙鋪在烤盤上。
- 配合烘烤的時間，事先將烤箱預熱至 190℃。

作法

1. 把粉類、細砂糖和鹽倒入調理盆，用打蛋器稍微攪拌一下，再以麵粉篩過濾。
2. 加入變軟的奶油，用橡皮刮刀以壓向調理盆側面的方式，將奶油與粉類混合拌勻。
3. 倒入事先冷藏備用的 A，以切拌的方式，用刮板攪拌均勻。攪拌到一定程度後，加入蔓越莓果乾和杏仁片，繼續以切拌的方式拌勻，讓粉類吸收水分。
4. 用手使勁按壓麵團，揉成 1 團。
5. 取出麵團，放在撒了乾麵粉的擀麵臺上，用手輕輕揉捏 6～8 次，以揉出筋度。
6. 撒上 1 層薄薄的乾麵粉，以擀麵棍將麵團擀成 2cm 厚，用保鮮膜包起來，放入冰箱靜置 3～6 小時。
7. 從冰箱取出麵團，撒上乾麵粉，切成邊長 2.5cm 的正方形。
8. 把剩下的麵團揉成 1 團，擀成 2cm 厚，再切成同樣的正方形。把最後剩下的麵團小力的揉成圓形，和塑形後的麵團放在一起。
9. 用刷子撥掉麵團表面的粉，放在鋪了烘焙紙的烤盤上。
10. 表面塗上牛奶，放入預熱好的烤箱烤 17～19 分鐘。
11. 連同烤盤移到蛋糕散熱架上，放涼。

MEMO

杏仁片不同於其他堅果類，放入司康中可以增加爽脆的口感，用刀也很好切。

巧克力豆

材料 底 5cm、高 8cm 的等腰三角形 4 個量

高筋麵粉 —— 150g
低筋全麥麵粉（或低筋麵粉）—— 50g
泡打粉 —— 8g
細砂糖 —— 30g
鹽 —— 1 小撮
奶油（無鹽）—— 80g
甜巧克力（烘焙用）—— 50g
A | 打散的蛋液 —— 50g（約 1 顆蛋）
| 原味優格（無糖）—— 30g
| 鮮奶油（或牛奶）—— 15g
乾麵粉、牛奶（塗抹用）—— 各適量

前置作業

- 奶油置於室溫下，使其軟化。
- 巧克力稍微切碎。
- 把 A 倒進器皿裡攪拌均勻，放冰箱冷藏。
- 將烘焙紙鋪在烤盤上。
- 配合烘烤的時間，事先將烤箱預熱至 190℃。

作法

1. 把粉類、細砂糖和鹽倒入調理盆，用打蛋器稍微攪拌一下，再以麵粉篩過濾。
2. 加入變軟的奶油，用橡皮刮刀以壓向調理盆側面的方式，將奶油與粉類混合拌勻。
3. 倒入事先冷藏備用的 A，以切拌的方式，用刮板攪拌均勻。攪拌到一定程度後，加入巧克力，繼續以切拌的方式拌勻，讓粉類吸收水分。
4. 用手使勁按壓麵團，揉成 1 團。
5. 取出麵團，放在撒了乾麵粉的擀麵臺上，用手輕輕揉捏 6～8 次，以揉出筋度。
6. 撒上 1 層薄薄的乾麵粉，以擀麵棍將麵團擀成 2cm 厚，用保鮮膜包起來，放入冰箱靜置 3～6 小時。
7. 從冰箱取出麵團，撒上乾麵粉，切成底 5cm、高 8cm 的等腰三角形。
8. 把剩下的麵團揉成 1 團，擀成 2cm 厚，再切成同樣的等腰三角形。把最後剩下的麵團小力的揉成圓形，和塑形後的麵團放在一起。
9. 用刷子撥掉麵團表面的粉，放在鋪了烘焙紙的烤盤上。
10. 表面塗上牛奶，放入預熱好的烤箱烤 19～21 分鐘。
11. 連同烤盤移到蛋糕散熱架上，放涼。

MEMO

巧克力屬於比較硬的材料，如果沒有牢牢握住刀，一口氣切下去，斷面就會凹凸不平，無法烤成漂亮的形狀。

香蕉和燕麥

材料 直徑 6cm 的球狀 6 個量

高筋麵粉 —— 150g
低筋麵粉 —— 20g
泡打粉 —— 8g
細砂糖 —— 30g
鹽 —— 1 小撮
奶油（無鹽）—— 80g
香蕉 —— 1 根（100g）
燕麥 —— 60g
A | 打散的蛋液 —— 25g（約 $\frac{1}{2}$ 顆蛋）
| 原味優格（無糖）—— 10g
| 鮮奶油（或牛奶）—— 10g
乾麵粉、牛奶（塗抹用）—— 各適量

前置作業

- 奶油置於室溫下，使其軟化。
- 香蕉一半切成 3mm 厚的圓片，另一半用叉子仔細的搗碎。
- 把搗碎的香蕉和 A 倒進器皿裡攪拌均匀，放冰箱冷藏。
- 將烘焙紙鋪在烤盤上。
- 配合烘烤的時間，事先將烤箱預熱至 190℃。

作法

1. 把粉類、細砂糖和鹽倒入調理盆，用打蛋器稍微攪拌一下，再以麵粉篩過濾。
2. 倒入一半的燕麥，與粉類混合拌勻。
3. 加入變軟的奶油，用橡皮刮刀以壓向調理盆側面的方式，將奶油與粉類混合拌勻。
4. 倒入事先冷藏備用的 A，以切拌的方式，用刮板攪拌均匀，讓粉類吸收水分。再加入切成圓片的香蕉，稍微攪拌一下。
5. 用手使勁按壓麵團，揉成 1 團。
6. 取出麵團，放在撒了乾麵粉的擀麵臺上，用手輕輕揉捏 6～8 次，以揉出筋度。
7. 撒上 1 層薄薄的乾麵粉，以擀麵棍將麵團擀成 2cm 厚，用保鮮膜包起來，放入冰箱靜置 3～6 小時。
8. 從冰箱取出麵團，撒上乾麵粉，用刮板切成 6 等分，小力的揉成圓形。
9. 用刷子撥掉麵團表面的粉，放在鋪了烘焙紙的烤盤上。
10. 表面塗上牛奶，撒上剩下的燕麥，放入預熱好的烤箱烤 20～22 分鐘。
11. 連同烤盤移到蛋糕散熱架上，放涼。

MEMO

燕麥可以換成天然穀麥、烤燕麥等喜歡的麥片。加點肉桂等香辛料也很美味。

芝麻和黃豆粉

材料 直徑 15cm 的球狀 1 個量

高筋麵粉 —— 150g
低筋麵粉 —— 25g
泡打粉 —— 8g
黃豆粉 —— 25g
細砂糖 —— 40g
鹽 —— 1 小撮
奶油（無鹽） —— 70g
黑芝麻粉 —— 25g
A | 打散的蛋液 —— 50g（約 1 顆蛋）
  | 原味優格（無糖） —— 30g
  | 鮮奶油（或牛奶） —— 15g
乾麵粉、牛奶（塗抹用） —— 各適量

前置作業

- 奶油置於室溫下，使其軟化。
- 把 A 倒進器皿裡攪拌均勻並分成兩半，一半和黑芝麻粉混合拌勻，與另外一半一起放冰箱冷藏。
- 將烘焙紙鋪在烤盤上。
- 配合烘烤的時間，事先將烤箱預熱至 190℃。

作法

1. 把粉類、細砂糖和鹽倒入調理盆，用打蛋器稍微攪拌一下，再以麵粉篩過濾。
2. 加入變軟的奶油，用橡皮刮刀以壓向調理盆側面的方式，將奶油與粉類混合拌勻。
3. 把 **2** 分成兩半，各加入也分成兩半冷藏的 A。
4. 各自以切拌的方式，用刮板攪拌均勻，讓粉類吸收水分。
5. 用手使勁按壓麵團，各自揉成 1 團。
6. 取出 2 個麵團，放在撒了乾麵粉的擀麵臺上重疊。用手輕輕揉捏麵團 3～4 次，揉出有如大理石的花紋 ⓐ。
7. 揉成球狀，放在鋪了烘焙紙的烤盤上。
8. 表面塗上牛奶，放入預熱好的烤箱烤 28～30 分鐘。
9. 連同烤盤移到蛋糕散熱架上，放涼。

MEMO

如果想整塊直接烤，不打算切開，那麼揉好麵團後不需要醒麵，放進烤箱即可。因為醒麵太久，會減少酥脆的口感，讓司康變得和蛋糕一樣。

ⓐ

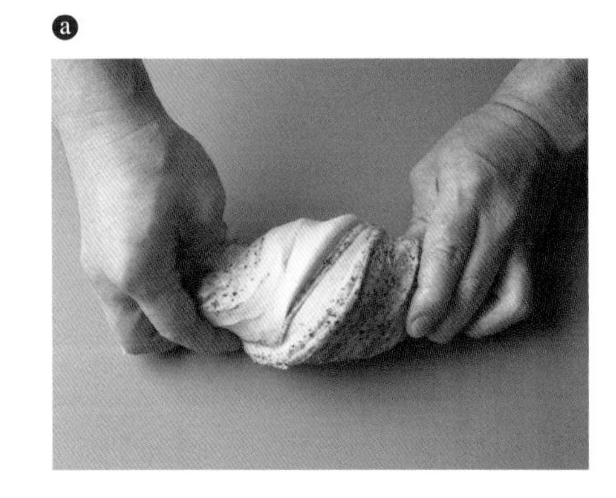

奶油起司和味噌

材料 直徑 6cm 的圓形烤模 6 個量

高筋麵粉 —— 150g
低筋麵粉 —— 50g
泡打粉 —— 10g
細砂糖 —— 30g
奶油起司 —— 50g
奶油（無鹽）—— 30g
味噌 —— 20g
迷迭香 —— 1 枝

A | 打散的蛋液 —— 50g（約 1 顆蛋）
原味優格（無糖）—— 30g
鮮奶油（或牛奶）—— 15g

乾麵粉、牛奶（塗抹用）—— 各適量

前置作業

- 奶油起司和奶油置於室溫下，使其軟化。
- 撕下迷迭香的葉片，稍微切碎。
- 把 A 倒進器皿裡攪拌均勻，放冰箱冷藏。
- 將烘焙紙鋪在烤盤上。
- 配合烘烤的時間，事先將烤箱預熱至 190℃。

作法

1. 把粉類和細砂糖倒入調理盆，用打蛋器稍微攪拌一下，再以麵粉篩過濾。
2. 加入變軟的奶油起司和奶油、$2/3$ 的味噌，用橡皮刮刀以壓向調理盆側面的方式，與粉類混合拌勻。
3. 倒入事先冷藏備用的 A，以切拌的方式，用刮板攪拌均勻。攪拌到一定程度後，加入迷迭香，繼續以切拌的方式拌勻，讓粉類吸收水分。
4. 用手使勁按壓麵團，揉成 1 團。
5. 取出麵團，放在撒了乾麵粉的擀麵臺上，用手輕輕揉捏 6～8 次，以揉出筋度。
6. 撒上 1 層薄薄的乾麵粉，以擀麵棍將麵團擀成 2cm 厚，用保鮮膜包起來，放入冰箱靜置 3～6 小時。
7. 從冰箱取出麵團，撒上乾麵粉，以烤模切割塑形。
8. 把剩下的麵團揉成 1 團，擀成 2cm 厚，繼續以烤模切割塑形。把最後剩下的麵團小力的揉成圓形，和塑形後的麵團放在一起。
9. 用刷子撥掉麵團表面的粉，放在鋪了烘焙紙的烤盤上。
10. 表面塗上牛奶，再用湯匙背面在幾處薄薄的塗上剩下的味噌。放入預熱好的烤箱烤 19～21 分鐘。
11. 連同烤盤移到蛋糕散熱架上，放涼。

MEMO

如果想做成西式風味的司康，可以不要加入味噌。另外，如果用奶油取代奶油起司，更能突顯味噌的風味。也可以把味噌換成酒粕。

COLUMN 03

用泡打粉的分量來改變質地

本書是以 200g 麵粉搭配 6～10g 泡打粉來製作司康，可以藉由改變泡打粉的分量，烤出想要的司康質地。另外，泡打粉的膨脹力依商品而異，建議先用現有的材料烤過 1 次，再進行調整。

〔 4g 〕

搭配進口的麵粉使用，可以烤出鬆軟又綿密的口感。如果換成蛋白質與澱粉含量較高的日本麵粉，水分比較不容易蒸發，加入含有水分的材料時也不容易膨脹，所以日本麵粉比較適合製作原味或加入粉狀材料的司康。揉好麵團後如果想直接烘烤，不進行醒麵的時候，也不會留下泡打粉特有的味道。

〔 6g 〕

能做成表面酥脆，裡面鬆軟卻不失綿密口感的司康。製作時，如果加入鮮奶油、優格等含油分的材料，將導致麵團不容易膨脹。另外，如果高筋麵粉的比例太高（200g 中占 100g 以上），也會不容易膨脹，使水分殘留在麵團中。

〔 8g 〕

適合製作大部分的司康，即使加入含有水分或油分的材料，也能膨脹得柔軟、蓬鬆。如果是做原味的司康，可以烤出乾爽的口感。但是不適合揉好麵團後，不醒麵就直接烘烤的作法，因為烤好的司康內容易留下泡打粉特有的味道及氣體。

〔 10g 〕

能烤出外表酥脆、裡面鬆軟的完美司康，適合油分或水分含量比較高的麵團，或是配方含有高筋麵粉，卻沒有馬上要烘烤，而是要放進冰箱靜置 6～12 小時的麵團。這是考慮到泡打粉的作用會隨著長時間醒麵而減弱的特性，因此使用的分量。

COLUMN 04

烤成喜歡的形狀

司康的形狀能隨心所欲的改變，可以用刀或烤模切割，也可以用手揉捏，各自都有做得工整、漂亮的祕訣。另外，司康烤好後，體積會再膨脹 1～2 成，為了讓熱氣均勻的充滿在烤箱內，麵團放到烤盤上時，要隔開 2 根手指的距離。

B. D. E.
〔用刀切—方形、三角形〕

尖尖的角很容易烤焦，請在烤好的 5～6 分鐘前，打開烤箱看一下，如果快烤焦了，請把烤盤轉一下方向。

A. C.
〔用烤模切—圓形〕

用烤模切割麵團的時候，雙手的力道要一樣大，如果施力不平均，好不容易做好的司康可能會歪一邊。

F.
〔用手揉捏—球狀〕

無論是一開始就打算烤成球狀，或是善用塑形完剩下的麵團，都請盡可能揉成漂亮的圓形，就能烤得很均勻。

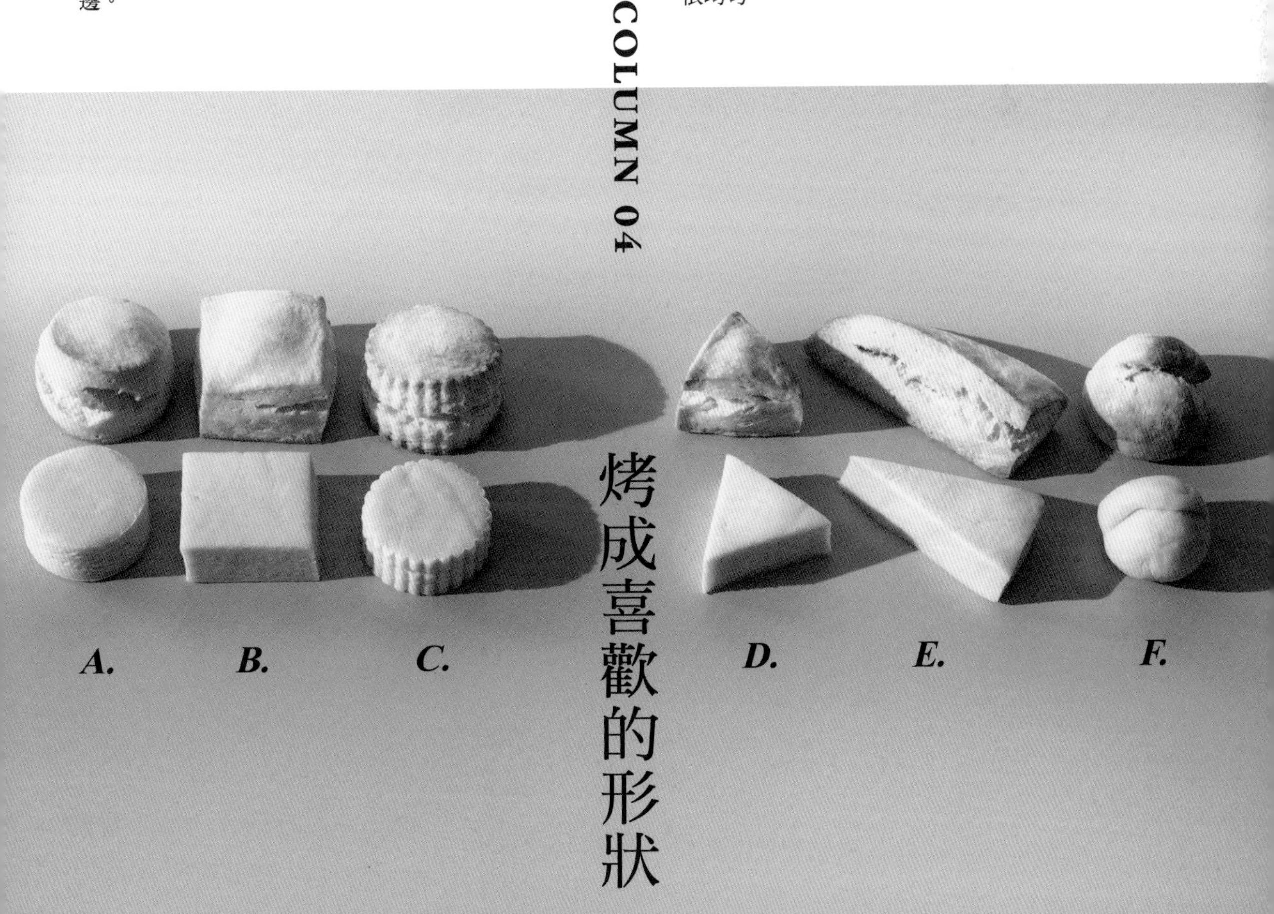

鮮奶油司康

不使用奶油，改用鮮奶油一樣能烤出蓬鬆的司康。
雖然膨脹力比使用奶油差一點，
但是口感柔軟、溼潤，表面也軟綿綿的。

原味

材料 邊長 5cm 的正方形 4 個量

低筋麵粉 —— 200g
泡打粉 —— 8g
細砂糖 —— 30g
鹽 —— 1 小撮
A | 鮮奶油 —— 130g
  | 原味優格（無糖）—— 30g
乾麵粉、牛奶（塗抹用）—— 各適量

前置作業

- 把 A 倒進器皿裡攪拌均勻，放冰箱冷藏。
- 將烘焙紙鋪在烤盤上。
- 配合烘烤的時間，事先將烤箱預熱至 190℃。

作法

1. 把粉類、細砂糖和鹽倒入調理盆，用打蛋器稍微攪拌一下，再以麵粉篩過濾。
2. 在調理盆中央壓出 1 個凹槽，倒入事先冷藏備用的 A。
3. 以切拌的方式，用刮板攪拌均勻，讓粉類吸收水分。
4. 用手使勁按壓麵團，揉成 1 團。
5. 取出麵團，放在撒了乾麵粉的擀麵臺上，切成兩半。把切成兩半的麵團疊在一起，用手按壓重疊的麵團。
6. 重複步驟 **5** 共 4～5 次，再壓成均勻的硬度。
7. 撒上 1 層薄薄的乾麵粉，用擀麵棍將麵團擀成 1cm 厚的長方形。
8. 拍掉表面多餘的乾麵粉，對折，讓麵團緊密貼合。
9. 以擀麵棍將麵團擀成厚 2cm、邊長 12cm 的正方形，用保鮮膜包起來，放入冰箱靜置 3～6 小時。
10. 從冰箱取出麵團，撒上乾麵粉，四邊各切掉 3～5mm，以劃十字的方式切成 4 等分。把切掉的麵團小力的揉成圓形，和塑形後的麵團放在一起。
11. 用刷子撥掉麵團表面的粉，放在鋪了烘焙紙的烤盤上。
12. 表面塗上牛奶，放入預熱好的烤箱烤 18～20 分鐘。
13. 連同烤盤移到蛋糕散熱架上，放涼。

MEMO

鮮奶油放在冰箱冷藏，可能會結塊或油水分離，即使是這種狀態也沒關係。也可以用製作其他甜點時，打發後剩下的鮮奶油製作。

烏龍茶和橙皮

材料　邊長 2.5cm 的正方形 10 個量

低筋麵粉 —— 200g
泡打粉 —— 8g
細砂糖 —— 15g
鹽 —— 1 小撮
橙皮 —— 30g
烏龍茶（茶葉）—— 2g
A
- 鮮奶油 —— 80g
- 牛奶 —— 50g
- 原味優格（無糖）—— 30g

乾麵粉、牛奶（塗抹用）—— 各適量

前置作業

- 把 **A** 倒進器皿裡攪拌均勻，放冰箱冷藏。
- 橙皮稍微切碎。
- 烏龍茶的茶葉如果太大片，請裝進信封裡，用擀麵棍敲碎。
- 將烘焙紙鋪在烤盤上。
- 配合烘烤的時間，事先將烤箱預熱至 180℃。

作法

1. 把粉類、細砂糖和鹽倒入調理盆，用打蛋器稍微攪拌一下，再以麵粉篩過濾。
2. 在調理盆中央壓出 1 個凹槽，倒入事先冷藏備用的 **A**。
3. 以切拌的方式，用刮板攪拌均勻。攪拌到一定程度後，加入烏龍茶葉和橙皮，繼續以切拌的方式拌勻，讓粉類吸收水分。
4. 用手使勁按壓麵團，揉成 1 團。
5. 取出麵團，放在撒了乾麵粉的擀麵臺上，切成兩半。把切成兩半的麵團疊在一起，用手按壓重疊的麵團。
6. 重複步驟 **5** 共 4～5 次，再壓成均勻的硬度。
7. 撒上 1 層薄薄的乾麵粉，用擀麵棍將麵團擀成 1cm 厚的長方形。
8. 拍掉表面多餘的乾麵粉，對折，讓麵團緊密貼合。
9. 以擀麵棍將麵團擀成 2cm 厚，用保鮮膜包起來，放入冰箱靜置 3～6 小時。
10. 從冰箱取出麵團，撒上乾麵粉，切成邊長 2.5cm 的正方形。
11. 把剩下的麵團揉成 1 團，擀成 2cm 厚，再切成同樣的正方形。把切掉的麵團小力的揉成圓形，和塑形後的麵團放在一起。
12. 用刷子撥掉麵團表面的粉，放在鋪了烘焙紙的烤盤上。
13. 表面塗上牛奶，放入預熱好的烤箱烤 16～18 分鐘。
14. 連同烤盤移到蛋糕散熱架上，放涼。

MEMO

如果有梅酒或是以糖漿醃漬的梅子，也可以把橙皮換成切碎的梅子，就能做成茶梅風味的司康。

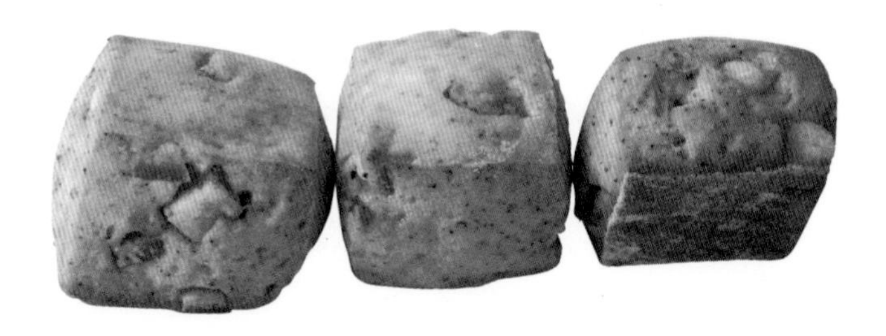

發酵司康

加入酵母，發酵製成的司康，熟成的風味是用泡打粉做不出來的味道。可以利用醒麵的時間來控制司康的口感，這點也很迷人。

裸麥和葛縷子

材料 邊長 5cm 的正方形 4 個量

低筋麵粉 —— 100g
高筋麵粉 —— 80g
裸麥粉 —— 20g
細砂糖 —— 25g
鹽 —— 1 小撮
奶油（無鹽） —— 65g
核桃 —— 30g
葛縷子 —— 2g

A
打散的蛋液 —— 50g（約 1 顆蛋）
原味優格（無糖） —— 20g

B
乾酵母 —— 2g
溫水（30℃ 左右） —— 10g

乾麵粉、牛奶（塗抹用） —— 各適量

前置作業

- 奶油切成 1cm 的小丁，放冰箱冷藏。
- 核桃切成 1cm 大。
- 把 **A** 倒進器皿裡攪拌均勻，放冰箱冷藏。
- 把 **B** 倒進器皿裡攪拌均勻，溶解乾酵母。
- 將烘焙紙鋪在烤盤上。
- 配合烘烤的時間，事先將烤箱預熱至 190℃。

作法

1. 把粉類、細砂糖和鹽倒入調理盆，用打蛋器稍微攪拌一下，再以麵粉篩過濾。
2. 加入事先冷藏備用的奶油，與粉類混合拌勻。
3. 用指腹捏碎奶油，呈紅豆大小即可。迅速將粉類與奶油搓勻，直到變成鬆散不黏手的狀態。
4. 在調理盆中央壓出 1 個凹槽，倒入 **A** 和 **B**。
5. 以切拌的方式，用刮板攪拌均勻。攪拌到一定程度後，加入核桃和葛縷子，繼續以切拌的方式拌勻，讓粉類吸收水分。
6. 用手使勁按壓麵團，揉成 1 團。
7. 取出麵團，放在撒了乾麵粉的擀麵臺上，切成兩半。把切成兩半的麵團疊在一起，用手按壓重疊的麵團。
8. 重複步驟 **7** 共 4～5 次，再壓成均勻的硬度。
9. 撒上 1 層薄薄的乾麵粉，用擀麵棍將麵團擀成 1cm 厚的長方形。
10. 拍掉表面多餘的乾麵粉，對折，讓麵團緊密貼合。
11. 以擀麵棍將麵團擀成厚 2cm、邊長 12cm 的正方形，用保鮮膜包起來，放入冰箱靜置 3～6 小時。
12. 從冰箱取出麵團，撒上乾麵粉，四邊各切掉 3～5mm，以劃十字的方式切成 4 等分。把切掉的麵團小力的揉成圓形，和塑形後的麵團放在一起。
13. 用刷子撥掉麵團表面的粉，放在鋪了烘焙紙的烤盤上。
14. 表面塗上牛奶，放入預熱好的烤箱烤 18～20 分鐘。
15. 連同烤盤移到蛋糕散熱架上，放涼。

MEMO

建議發酵時間為 3～6 小時，但即使是 10 小時、24 小時也沒關係。發酵時間短，麵團的香氣比較強烈，風味比較像司康。發酵時間長，可以烤得更鬆軟，讓發酵的多層次香氣蓋過麵團的風味。

玫瑰和酒粕

材料 直徑 6cm 的菊花形烤模 6 個量

低筋麵粉 —— 100g
高筋麵粉 —— 100g
鹽 —— 1 小撮
奶油（無鹽）—— 45g
酒粕 —— 20g
玫瑰花瓣 —— 3g

A
打散的蛋液 —— 50g（約 1 顆蛋）
原味優格（無糖）—— 20g
蜂蜜 —— 25g

B
乾酵母 —— 2g
溫水（30℃ 左右）—— 10g

乾麵粉、牛奶（塗抹用）—— 各適量

前置作業

- 奶油切成 1cm 的小丁，放冰箱冷藏。
- 把 A 倒進器皿裡攪拌均勻，放冰箱冷藏。
- 把 B 倒進器皿裡攪拌均勻，溶解乾酵母。
- 將烘焙紙鋪在烤盤上。
- 配合烘烤的時間，事先將烤箱預熱至 190℃。

作法

1. 把粉類和鹽倒入調理盆，用打蛋器稍微攪拌一下，再以麵粉篩過濾。
2. 加入事先冷藏備用的奶油和酒粕，與粉類混合拌勻。
3. 用指腹捏碎奶油和酒粕，呈紅豆大小即可。迅速將粉類與奶油搓勻，直到變成鬆散不黏手的狀態。
4. 在調理盆中央壓出 1 個凹槽，倒入 **A** 和 **B**。
5. 以切拌的方式，用刮板攪拌均勻。攪拌到一定程度後，加入玫瑰花瓣，繼續以切拌的方式拌勻，讓粉類吸收水分。
6. 用手使勁按壓麵團，揉成 1 團。
7. 取出麵團，放在撒了乾麵粉的擀麵臺上，切成兩半。把切成兩半的麵團疊在一起，用手按壓重疊的麵團。
8. 重複步驟 **7** 共 4～5 次，再壓成均勻的硬度。
9. 撒上 1 層薄薄的乾麵粉，用擀麵棍將麵團擀成 1cm 厚的長方形。
10. 拍掉表面多餘的乾麵粉，對折，讓麵團緊密貼合。
11. 以擀麵棍將麵團擀成 2cm 厚，用保鮮膜包起來，放入冰箱靜置 3～6 小時。
12. 從冰箱取出麵團，撒上乾麵粉，以烤模切割塑形。
13. 把剩下的麵團揉成 1 團，擀成 2cm 厚，繼續以烤模切割塑形。把最後剩下的麵團小力的揉成圓形，和塑形後的麵團放在一起。
14. 用刷子撥掉麵團表面的粉，放在鋪了烘焙紙的烤盤上。
15. 表面塗上牛奶，放入預熱好的烤箱烤 18～20 分鐘。
16. 連同烤盤移到蛋糕散熱架上，放涼。

MEMO

如果沒有玫瑰花瓣，可以用薔薇果、洛神花等香味馥郁的花草茶茶葉代替。如果沒有酒粕，可以用奶油起司或奶油代替。

純素司康

使用椰子油製作司康，特徵是比較不容易膨脹，
但是麵團會更紮實，進而呈現彈牙的口感。
如果改用低筋全麥麵粉製作，還能更有飽足感。

原味

材料 直徑 5cm 的圓形烤模 7 個量

低筋麵粉 —— 100g
低筋全麥麵粉（或低筋麵粉）—— 100g
泡打粉 —— 7g
鹽 —— 1 小撮
椰子油 —— 70g
A
- 無添加豆漿 —— 60g
- 豆漿優格 —— 15g
- 楓糖漿 —— 30g

乾麵粉、無添加豆漿（塗抹用）
—— 各適量

前置作業

- 事先秤好椰子油的分量，直到使用前都要放冰箱冷藏。
- 把 A 倒進器皿裡攪拌均勻，放冰箱冷藏。
- 將烘焙紙鋪在烤盤上。
- 配合烘烤的時間，事先將烤箱預熱至 190℃。

作法

1 把粉類和鹽倒入調理盆，用打蛋器稍微攪拌一下，再以麵粉篩過濾。
2 加入事先冷藏備用的椰子油，用橡皮刮刀以壓向調理盆側面的方式，將椰子油與粉類混合拌勻。
3 倒入事先冷藏備用的 A，以切拌的方式，用刮板攪拌均勻，讓粉類吸收水分。
4 用手使勁按壓麵團，揉成 1 團。
5 取出麵團，放在撒了乾麵粉的擀麵臺上，切成兩半。把切成兩半的麵團疊在一起，用手按壓重疊的麵團。
6 重複步驟 **5** 共 4～5 次，再壓成均勻的硬度。
7 撒上 1 層薄薄的乾麵粉，用擀麵棍將麵團擀成 1cm 厚的長方形。
8 拍掉表面多餘的乾麵粉，對折，讓麵團緊密貼合。
9 以擀麵棍將麵團擀成 2cm 厚，用保鮮膜包起來，放入冰箱靜置 3～6 小時。
10 從冰箱取出麵團，撒上乾麵粉，以烤模切割塑形。
11 把剩下的麵團揉成 1 團，擀成 2cm 厚，繼續以烤模切割塑形。把最後剩下的麵團小力的揉成圓形，和塑形後的麵團放在一起。
12 用刷子撥掉麵團表面的粉，放在鋪了烘焙紙的烤盤上。
13 表面塗上豆漿，放入預熱好的烤箱烤 19～21 分鐘。
14 連同烤盤移到蛋糕散熱架上，放涼。

MEMO

如果想讓司康擁有更爽脆的口感與顆粒感，可以從低筋全麥麵粉中取出 20g，換成粒子更粗的全麥餅乾粉或燕麥。

素食起司奶油（p.37）的作法

把豆漿優格瀝成喜歡的硬度，再用適量的楓糖漿或甘蔗糖來調整甜度。

紅蘿蔔和肉桂

材料 邊長 5cm 的正方形 4 個量

低筋麵粉 —— 100g
低筋全麥麵粉（或低筋麵粉）—— 100g
泡打粉 —— 8g
肉桂粉 —— 少許
鹽 —— 1 小撮
椰子油 —— 70g
A | 紅蘿蔔泥 —— 50g
豆漿優格 —— 15g
楓糖漿 —— 15g
乾麵粉、無添加豆漿（塗抹用）
—— 各適量

前置作業

- 事先秤好椰子油的分量，直到使用前都要放冰箱冷藏。
- 把 A 倒進器皿裡攪拌均勻，放冰箱冷藏。
- 將烘焙紙鋪在烤盤上。
- 配合烘烤的時間，事先將烤箱預熱至 190℃。

作法

1. 把粉類和鹽倒入調理盆，用打蛋器稍微攪拌一下，再以麵粉篩過濾。
2. 加入事先冷藏備用的椰子油，用橡皮刮刀以壓向調理盆側面的方式，將椰子油與粉類混合拌勻。
3. 倒入事先冷藏備用的 A，以切拌的方式，用刮板攪拌均勻，讓粉類吸收水分。
4. 用手使勁按壓麵團，揉成 1 團。
5. 取出麵團，放在撒了乾麵粉的擀麵臺上，切成兩半。把切成兩半的麵團疊在一起，用手按壓重疊的麵團。
6. 重複步驟 **5** 共 4～5 次，再壓成均勻的硬度。
7. 撒上 1 層薄薄的乾麵粉，用擀麵棍將麵團擀成 1cm 厚的長方形。
8. 拍掉表面多餘的乾麵粉，對折，讓麵團緊密貼合。
9. 以擀麵棍將麵團擀成厚 2cm、邊長 12cm 的正方形，用保鮮膜包起來，放入冰箱靜置 3～6 小時。
10. 從冰箱取出麵團，撒上乾麵粉，四邊各切掉 3～5mm，以劃十字的方式切成 4 等分。把切掉的麵團小力的揉成圓形，和塑形後的麵團放在一起。
11. 用刷子撥掉麵團表面的粉，放在鋪了烘焙紙的烤盤上。
12. 表面塗上豆漿，放入預熱好的烤箱烤 18～20 分鐘。
13. 連同烤盤移到蛋糕散熱架上，放涼。

MEMO
椰子油可以換成椰子醬，如果要換成米糠油等其他液體油脂，與粉類混合時的動作要快，揉好麵團請馬上烘烤，不用醒麵。

美式司康

美式司康不用醒麵，麵團塑形完就能送入烤箱，
最大的特徵是可以烤出粗獷且紮實的口感。
美式司康也不像英式司康會搭配奶油或果醬食用，
所以會事先調味，方便直接品嘗。

藍莓和堅果醬

材料 底 5cm、高 15cm 的等腰三角形 4 個量

低筋麵粉 —— 170g
低筋全麥麵粉（或低筋麵粉）—— 30g
泡打粉 —— 8g
細砂糖 —— 40g
鹽 —— 1 小撮
奶油（無鹽）—— 30g
堅果醬 —— 50g
藍莓（或冷凍藍莓）—— 50g
A | 原味優格（無糖）—— 50g
　| 牛奶 —— 30g
　| 沙拉油 —— 10g
乾麵粉、牛奶（塗抹用）—— 各適量

前置作業

- 奶油切成 1cm 的小丁，放冰箱冷藏。
- 事先秤好堅果醬的分量，直到使用前都要放冰箱冷藏。
- 把 **A** 倒進器皿裡攪拌均勻，放冰箱冷藏。
- 將烘焙紙鋪在烤盤上。
- 配合烘烤的時間，事先將烤箱預熱至 190℃。

作法

1. 把粉類、細砂糖和鹽倒入調理盆，用打蛋器稍微攪拌一下，再以麵粉篩過濾。
2. 加入事先冷藏備用的奶油和堅果醬，與粉類混合拌勻。
3. 用指腹捏碎奶油，呈紅豆大小即可。迅速將粉類、奶油與堅果醬搓勻，直到變成鬆散不黏手的狀態。
4. 在調理盆中央壓出 1 個凹槽，倒入事先冷藏備用的 **A**。
5. 以切拌的方式，用刮板攪拌均勻。攪拌到一定程度後，加入藍莓，繼續以切拌的方式拌勻，讓粉類吸收水分。
6. 用手使勁按壓麵團，揉成 1 團。
7. 取出麵團，放在撒了乾麵粉的擀麵臺上，用手壓成邊長 15cm 的正方形，再切成底 5cm、高 15cm 的等腰三角形。
8. 把剩下的麵團揉成 1 團，擀成 2cm 厚，再切成同樣的等腰三角形。把最後剩下的麵團小力的揉成圓形，和塑形後的麵團放在一起。
9. 用刷子撥掉麵團表面的粉，放在鋪了烘焙紙的烤盤上。
10. 表面塗上牛奶，放入預熱好的烤箱烤 20～22 分鐘。
11. 連同烤盤移到蛋糕散熱架上，放涼。

MEMO

可以使用有糖或無糖的堅果醬。如果想讓口感更酥脆、輕盈，也可以將沙拉油改為起酥油或豬油。

黑啤酒和切達起司

材料 邊長 5cm 的正方形 4 個量

高筋麵粉 —— 170g
低筋麵粉 —— 30g
泡打粉 —— 8g
細砂糖 —— 25g
鹽 —— 1 小撮
百里香（乾燥）—— 2g
黑胡椒 —— 少許
奶油（無鹽）—— 30g
切達起司 —— 50g
A ｜黑啤酒 —— 60g
　｜米糠油（或沙拉油）—— 20g
乾麵粉、牛奶（塗抹用）—— 各適量

前置作業

- 奶油切成 1cm 的小丁，放冰箱冷藏。
- 切達起司切成 5mm 的小丁。
- 把 A 倒進器皿裡攪拌均勻，放冰箱冷藏。
- 將烘焙紙鋪在烤盤上。
- 配合烘烤的時間，事先將烤箱預熱至 190℃。

作法

1. 把粉類、細砂糖和鹽倒入調理盆，用打蛋器稍微攪拌一下，再以麵粉篩過濾。
2. 倒入百里香和黑胡椒，與粉類混合拌勻。
3. 加入事先冷藏備用的奶油，與粉類混合拌勻。
4. 用指腹捏碎奶油，呈紅豆大小即可。迅速將粉類與奶油搓勻，直到變成鬆散不黏手的狀態。
5. 在調理盆中央壓出 1 個凹槽，倒入事先冷藏備用的 A。
6. 以切拌的方式，用刮板攪拌均勻。攪拌到一定程度後，加入切達起司，繼續以切拌的方式拌勻，讓粉類吸收水分。
7. 用手使勁按壓麵團，揉成 1 團。
8. 取出麵團，放在撒了乾麵粉的擀麵臺上，用手壓成邊長 12cm 的正方形，再以劃十字的方式切成 4 等分。
9. 用刷子撥掉麵團表面的粉，放在鋪了烘焙紙的烤盤上。
10. 表面塗上牛奶，放入預熱好的烤箱烤 18～20 分鐘。
11. 連同烤盤移到蛋糕散熱架上，放涼。

MEMO

可以使用喝剩、已經沒氣的黑啤酒，如果可以接受甜味的司康，也能改用可樂等碳酸飲料。

與司康一起享用的果醬和奶油

這裡介紹作法很簡單，與司康也很對味的果醬和奶油。把司康切成兩半，塗上果醬或奶油再夾起來吃，真是人間美味。

〔果醬和奶油的保存期限〕
裝進乾淨的保存罐或密封容器裡，放在冰箱冷藏庫可以保存 2 週（僅 p.87 的香草腰果起司醬只能保存 1 週），放在冷凍庫則可以保存 2 個月。

草莓覆盆子果醬

材料 完成的分量約 300g

草莓 —— 150g
覆盆子 —— 50g
細砂糖 —— 140g
檸檬汁 —— 10g

作法

1 切除草莓的蒂頭，再切成兩半。
2 將所有材料倒進調理盆，混合攪拌均勻，靜置 1～2 小時。
3 移到小鍋裡，開大火煮至沸騰，去除雜質。轉成大一點的中火，再煮 6～8 分鐘，直到變得濃稠為止。

檸檬橘皮果醬

材料 完成的分量約 300g

檸檬（沒有上臘）—— 1 顆（100g）
柳橙 —— $\frac{1}{2}$ 顆（100g）
水 —— 100g
細砂糖 —— 130g
威士忌 —— 15g

作法

1 檸檬和柳橙連皮切成 4 等分的半月形，去籽，再切成 2mm 厚的銀杏形。
2 將所有材料倒進小鍋，混合攪拌均勻。開中火煮至沸騰，去除雜質。
3 轉成小一點的中火，再煮 10～15 分鐘，直到產生黏性，果皮呈半透明為止。

櫻桃薄荷果醬

材料 完成的分量約 300g

櫻桃 —— 200g
薄荷葉 —— 15g
細砂糖 —— 130g
果膠（如果有）—— 3g
檸檬汁 —— 10g
白蘭姆酒 —— 15g

作法

1 剔除櫻桃的種子。
2 將所有材料倒進調理盆，混合攪拌均勻，靜置 1～2 小時。
3 移到小鍋裡，開大火煮至沸騰，去除雜質。轉成大一點的中火，再煮 6～8 分鐘，直到變得濃稠為止。

焦糖蘋果醬

材料 完成的分量約 300g

蘋果 —— 1 顆（200g）
細砂糖 —— 130g
蘭姆酒 —— 15g
A 細砂糖 —— 50g
　水 —— 15g

作法

1 蘋果削皮，切成 4 等分的半月形，去芯，再切成 2mm 厚的銀杏形。
2 將 **1**、細砂糖和蘭姆酒倒進調理盆，混合攪拌均勻，靜置 1～2 小時。
3 把 **A** 倒進小鍋，開中火煮至沸騰，變成褐色後關火。
4 加入 **2**，用橡皮刮刀攪拌均勻，再煮 6～8 分鐘，直到變得濃稠為止。

苦甜巧克力醬

材料　完成的分量約 250g

苦甜巧克力（烘焙用）—— 100g
鮮奶油 —— 150g
奶油（無鹽）—— 10g
可可粉（如果有）—— 5g
君度橙酒 —— 15g

作法

1. 巧克力稍微切碎。
2. 將鮮奶油倒進小鍋，開中火煮至沸騰，關火後加入 **1**，用打蛋器攪拌到巧克力溶解。
3. 加入奶油，繼續攪拌，再加入可可粉和君度橙酒。

奶油糖抹醬

材料　完成的分量約 250g

奶油（無鹽）—— 50g
甘蔗糖 —— 100g
水 —— 30g
鮮奶油 —— 100g
鹽 —— 1 小撮

作法

1. 將鮮奶油和鹽倒進小鍋，開小火煮至人體的溫度。
2. 把甘蔗糖和水倒進另 1 個小鍋，開中火煮至沸騰，甘蔗糖溶解成更深的褐色後關火。
3. 分 3 次加入 **1**，每次都要用打蛋器攪拌均勻。開中火，在沸騰的狀態下再煮 3 分鐘。
4. 關火後加入用手撕碎的奶油，邊攪拌邊利用餘溫融化奶油。

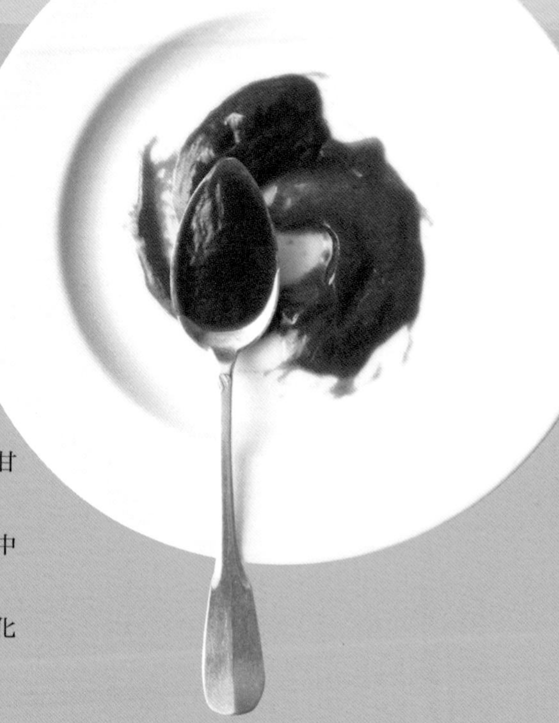

蘭姆葡萄地瓜抹醬

材料 完成的分量約 400g

地瓜 —— 220g
鮮奶油 —— 120g
細砂糖 —— 30g
奶油（無鹽）—— 30g
蘭姆葡萄 —— 50g

作法

1 地瓜帶皮切成厚一點的圓片，蒸 20～25 分鐘，直到可以用竹籤刺穿為止。
2 趁熱剝掉地瓜的皮，放進調理盆，用叉子背面搗成喜歡的大小。
3 將 **2**、鮮奶油和細砂糖倒進小鍋，開中火煮至沸騰，關火後加入奶油與蘭姆葡萄拌勻。

香草腰果起司醬

材料 完成的分量約 200g

奶油起司 —— 150g
腰果 —— 30g
新鮮的香草（由百里香、奧勒岡、蒔蘿、歐芹混合而成）—— 10g
蒜泥 —— 少許
鹽 —— $\frac{1}{4}$ 小匙

作法

1 奶油起司用保鮮膜包起來，放進 600W 的微波爐加熱 1 分鐘左右，使其變軟。
2 腰果和香草稍微切碎。
3 將所有材料倒進調理盆，用橡皮刮刀攪拌均勻。

想更講究時的「光澤」與「手工凝脂奶油風抹醬」

司康在進烤箱烘烤前，可以塗上「塔皮防水層」，以帶出成品的光澤。本書介紹的司康大多塗上牛奶，也可以依個人喜好，換成同樣能帶出光澤的豆漿或蛋黃。如果想更講究一點，可以親手製作凝脂奶油。本來凝脂奶油是必須以一定的溫度，熬煮牛奶 10～12 小時才能製成，但只要改用鮮奶油和微波爐，就不需要控制溫度，作法更輕鬆。

如果使用牛奶作為司康的「塔皮防水層」，能為成品帶來漂亮的光澤。但使用豆漿或蛋黃的光澤更迷人，原因在於蛋白質含量的多寡，以蛋黃最多，豆漿次之，然後才是牛奶。

手工凝脂奶油風抹醬

材料 完成的分量約 180g

鮮奶油（乳脂肪含量 45% 以上）
—— 150g
牛奶 —— 50g
細砂糖 —— 1 小撮

作法

1. 將所有材料倒進大一點的耐熱容器，不用覆蓋保鮮膜，直接放進 600W 的微波爐加熱 7～8 分鐘。
2. 加熱到沸騰、產生黏性後，移到深一點的調理盤裡冷卻。如果含水量太高，請再加熱 1～2 分鐘。
3. 冷卻後，裝進乾淨的保存罐或密封容器裡，放在冰箱冷藏庫可以保存 4～5 天。

培根蛋三明治

材料 2個量

喜歡的司康——2個
蛋——2顆
培根（切片）——2片
鹽、胡椒、油——各適量

作法

1 將平底鍋放在瓦斯爐上，用中火充分加熱後，倒入油，把蛋打進去。
2 蛋煎成喜歡的熟度後，把培根放在平底鍋的邊緣，煎熟兩面。
3 用小烤箱加熱司康，對半切開，放入盤中。將 **2** 放在半塊司康上，撒上鹽和胡椒，再蓋上另一半的司康。

讓司康更美味的進階版作法「三明治」與「料理」

司康光是塗上果醬或奶油就很好吃了，也可以夾入火腿等食材，做成司康三明治，或是運用在料理中，當成湯裡的麵包丁、沙拉上的麥片等。夾入鮮奶油、水果、紅豆、奶油等食材，做成甜點型的司康三明治也很好吃。

酪梨醬與起司醬的三明治

材料　1個量

喜歡的司康 —— 1個
酪梨 —— $^1/_4$顆
香草腰果起司醬（p.87）—— 適量
鹽 —— 適量

作法

1 酪梨削皮並去籽，放進調理盆，用叉子背面搗碎。
2 用小烤箱加熱司康，對半切開。將 **1** 塗在半塊司康上，抹上香草腰果起司醬，撒上鹽，再蓋上另一半的司康。

奇異果與西洋菜的開放式三明治

材料　2個量

喜歡的司康 —— 1個
切成圓片的奇異果（去皮）—— 2片
西洋菜 —— 適量
美乃滋 —— 適量

作法

1 用小烤箱加熱司康，對半切開。
2 各自放上奇異果和西洋菜，再擠上一點美乃滋。

紅蘿蔔湯

材料 2〜3 人的量

喜歡的司康 —— 1 個
紅蘿蔔 —— 2 小根（240g）
洋蔥 —— 1/4 顆
水 —— 200g
橄欖油 —— 1 小匙
牛奶 —— 200g
鹽 —— 1/2 小匙
鮮奶油 —— 適量

作法

1 紅蘿蔔削皮，切成 1cm 寬的圓片。洋蔥切薄片。
2 將 **1**、水和橄欖油倒進小鍋，開中火。
3 沸騰後蓋上蓋子，轉小火，再煮 6〜7 分鐘，直到紅蘿蔔煮軟為止。
4 關火，趁熱用手持式攪拌棒，攪拌到柔滑、細緻。
5 加入牛奶，開中火，用鹽調味。
6 用小烤箱加熱司康。
7 把湯盛入容器裡，依口味淋上鮮奶油，撒上捏碎的司康。

藍莓優格沙拉

材料 2人的量

喜歡的司康 —— 1個
草莓 —— 6顆
香蕉 —— 1根
藍莓 —— 30g
杏仁（烤過的）—— 10粒
原味優格（無糖）—— 適量
蜂蜜 —— 適量

作法

1 司康切成 3～4cm 寬或方便食用的大小。切除草莓的蒂頭，再切成兩半。香蕉切成 1cm 寬的圓片。

2 把 **1**、藍莓和杏仁盛入容器裡，依口味淋上原味優格與蜂蜜。

材料

1. 粉

本書大多使用低筋麵粉與高筋麵粉，「鬆軟司康」和「紮實司康」只用低筋麵粉，「酥脆司康」則使用高筋麵粉比低筋麵粉多一點。低筋麵粉能烤出輕盈、酥脆的口感。高筋麵粉在揉捏過程中會產生麩質，帶來嚼勁，製作司康時只要別過度揉捏，就可以烤得酥脆、爽口。

2. 泡打粉

本書使用不含鋁的泡打粉。建議使用開封後不到半年的。

3. 鹽

本書使用比較鹹的海鹽。製作司康時不會加太多砂糖，所以用鹽來突顯食材本身的甜味。

4. 蛋

本書的蛋皆以 g 為單位。請先徹底打散後再秤重。

5. 奶油

本書使用無鹽奶油。

6. 砂糖

本書使用細砂糖，如果手邊只有上白糖，也可以用來代替。不過上白糖比較甜，建議用量減少 5～10g，而且烘烤時很容易上色，請注意火候。

7. 鮮奶油

本書使用乳脂肪含量 40% 以上的鮮奶油，如果低於 40%，油分太少，會烤成過於紮實、厚重的司康。

8. 牛奶

使用手邊有的牛奶即可，不過如果使用低脂牛奶，烤好的司康表面可能會有點硬。

9. 原味優格

只要是沒有甜味的無糖原味優格都可以。

工具

1. 切割尺

讓麵團保持均等的厚度。壓克力製的切割尺既輕又好用。

2. 擀麵棍

用於擀開麵團。使用後不要用水洗，直接用溼抹布擦掉汙垢，充分晾乾，以免發霉。

3. 橡皮刮刀

用於攪拌麵團。請配合調理盆的形狀來選擇，用起來會比較順手。

4. 刷子

用於拂去麵團上多餘的麵粉，或烘烤前用來將牛奶等「塔皮防水層」塗在麵團上。分為毛製和矽膠製，使用後必須用洗碗精搓洗乾淨，充分晾乾。

5. 打蛋器

用於預拌粉類，尺寸小一點也沒關係。

6. 濾勺

用來為泡打粉過篩。

7. 磅秤

一定要正確測量所有材料的分量，才能開始製作。

8. 刮板

又稱切麵刀，用於切割麵團或切拌材料。具有彈性，可以稍微彎曲的刮板比較好用。

9. 烤模

本書主要使用直徑 4cm、5cm 和 6cm 的圓形與菊花形烤模。

10. 麵粉篩

用來為粉類過篩。

11. 調理盆

用於搓勻或攪拌麵團。最好準備 2 個直徑 18～24cm 的調理盆。

國家圖書館出版品預行編目(CIP)資料

來吃司康吧！黃金比例×經典傳統×進階風味，讓人回味無窮的簡單幸福味！ / 村吉雅之作；賴惠鈴譯. -- 初版. -- 新北市：大眾國際書局股份有限公司 海濱圖書, 西元 2023.7

96 面 ; 18.2x25.7 公分 . -- (瘋食尚 ; 10)

ISBN 978-626-7258-27-9 (平裝)

427.16 112007731

瘋食尚 SFA010

來吃司康吧！
黃金比例×經典傳統×進階風味，讓人回味無窮的簡單幸福味！

作　者　村吉雅之
譯　者　賴惠鈴

總編輯　楊欣倫
副主編　徐淑惠
特約編輯　林宜君
封面設計　張雅慧
排版公司　菩薩蠻數位文化有限公司
行銷業務　楊毓群、許予璇

出版發行　大眾國際書局股份有限公司 海濱圖書
地　址　22069 新北市板橋區三民路二段 37 號 16 樓之 1
電　話　02-2961-5808（代表號）
傳　真　02-2961-6488
信　箱　service@popularworld.com
海濱圖書 FB 粉絲團　https://www.facebook.com/seashoretaiwan/

總經銷　聯合發行股份有限公司
電　話　02-2917-8022
傳　真　02-2915-7212

法律顧問　葉繼升律師
初版一刷　西元 2023 年 7 月
定　價　新臺幣 380 元
ISBN　978-626-7258-27-9

ムラヨシマサユキのスコーンBOOK
著者：ムラヨシ マサユキ

Original edition creative staff
Photo: Yasuo Nagumo
Styling: Misa Nishizaki
Book Design: Taro Obashi(Yep)
Cooking Assistant: Moeka Suzuki
Editing: Yoko Koike (Graphic-sha Publishing Co., Ltd.)